FORSCHUNGSBERICHTE DES LANDES NORDRHEIN-WESTFALEN

Nr. 2199

Herausgegeben im Auftrage des Ministerpräsidenten Heinz Kühn
vom Minister für Wissenschaft und Forschung Johannes Rau

Obering. Herbert Stein

Text.-Ing. (grad.) Herbert van der Weyden

Institut für textile Meßtechnik M.-Gladbach e. V., Mönchengladbach

Einfluß der Vorgarndrehung auf die Gespinsteigenschaften

SPRINGER FACHMEDIEN WIESBADEN GMBH 1971

ISBN 978-3-531-02199-7   ISBN 978-3-663-20426-8 (eBook)
DOI 10.1007/978-3-663-20426-8

© 1971 by Springer Fachmedien Wiesbaden

Ursprünglich erschienen bei Westdeutscher Verlag GmbH, Opladen 1971

Gesamtherstellung: Westdeutscher Verlag

Inhalt

1.	Vorwort	5
2.	Allgemeine Betrachtungen	6
3.	Aufgabenstellung	7
4.	Versuchs- und Meßeinrichtungen	8
5.	Durchgeführte Untersuchungen	9
5.1	Dreizylinderspinnverfahren	9
5.1.1	Ergebnisse von Vergleichsversuchen	10
5.1.2	Untersuchungen mit der Nachdrehvorrichtung	11
5.1.2.1	Spinnversuche mit kardierter Baumwolle	11
5.1.2.2	Spinnversuche mit Zellwolle	12
5.1.2.3	Einfluß der Faserführung in der Hauptverzugszone	12
5.2	Kammgarnspinnverfahren	13
5.2.1	Haft-Gleit-Eigenschaften der Vorgarne	15
5.2.2	Eigenschaften der aus Finisseur- und Flyervorgarnen erzeugten Wollgespinste	15
5.2.2.1	Spinnerei A Versuchsserie 1 (Wolle)	16
5.2.2.2	Spinnerei A Versuchsserie 2 (Wolle)	16
5.2.2.3	Spinnerei B Versuchsserie 1 (Wolle)	18
5.2.2.4	Spinnerei B Versuchsserie 2 (Wolle/Zellwolle)	18
5.2.3	Gespinsteigenschaften in unteren Dehnbereichen	18
6.	Zusammenfassung	21
7.	Danksagung	23
8.	Literaturverzeichnis	24
	Anhang	25
a)	Tabellen	25
b)	Abbildungen	39

1. Vorwort

Auf die Verzugsvorgänge in den Streckwerken von Spinnmaschinen nehmen im starken Maße die Haft-Gleit-Eigenschaften des zu verziehenden Vorgarnes Einfluß. Der Faserzusammenhalt im Vorgarn und damit die zum Auflösen in den einzelnen Verzugszonen erforderlichen Zugkräfte sind von verschiedenen Faktoren abhängig. Zu nennen sind hier die Struktur der Fasern, die durch Avivage bzw. Präparationsmittel zu beeinflussende Faseroberflächenbeschaffenheit, die Stapellänge, die Faserkräuselung, und in besonderem Maße die Faserpressung.

Bei einem ungedrehten Vorgarn kann im Gegensatz zu Krempel-, Karden- und Streckenbändern nicht damit gerechnet werden, daß der Faserzusammenhalt groß genug ist, um ein Auseinanderschleifen beim Abnehmen von den Vorgarnspulen im Gatter der Ringspinnmaschine zu vermeiden. Das gilt insbesondere für kurzstapeliges Material. Die Vorgarne erhalten deshalb zwecks Erhöhung der Faserpressung auf dem Flyer eine Drehung. Diese sollte einerseits genügend groß sein, um den gewünschten Zusammenhalt zu vermitteln, andererseits keine unzulässig hohen Verzugswiderstände ergeben, die eine schlupflose Führung an den Streckwerkszylindern und ein ordnungsgemäßes Verziehen entsprechend dem eingestellten Getriebeverzug in Frage stellen.

Das Institut hat sich in der vergangenen Zeit bereits eingehend mit Streckwerksproblemen und mit den Verzugseigenschaften von Faserbändern und Vorgarnen befaßt, außerdem eine Reihe von meßtechnischen Untersuchungen an Streckwerken durchgeführt. Die mit diesem Bericht behandelten Untersuchungen dienten in erster Linie dem Studium der Vorgarndrehung auf die Gleichförmigkeit und auf die Kraft-Dehnungs-Eigenschaften der auf Ringspinnmaschinen erzeugten Gespinste. Dabei war, soweit es sich um die Dreizylinderspinnerei handelt, von einer Reihe bereits vorliegender Untersuchungsergebnisse auszugehen, die im Institut, aber auch von anderen Stellen erarbeitet wurden.

In der Kammgarnspinnerei kommt relativ langstapliges Fasermaterial zur Verarbeitung. Hier besteht deshalb die Möglichkeit, einem Vorgarn auch durch Nitschelung einen genügend großen Zusammenhalt zu vermitteln. Von besonderem Interesse schienen deshalb meßtechnische Untersuchungen, die erkennen lassen, wieweit die Art der Vorgarnvorbereitung (Nitschelung auf einem Finisseur, echte Drahtgabe auf dem Flyer) auf die Gespinstbildung und die Eigenschaften der Gespinste Einfluß nimmt.

2. Allgemeine Betrachtungen

Grundsätzlich ist es möglich, Hochverzugsstreckwerke zu bauen, mit denen Verzüge bis zu 100fach und mehr anzuwenden sind. In einem solchen Falle kann auf den Einsatz von Vorspinnmaschinen verzichtet werden, die eine weitere Verfeinerung der Streckenbänder vornehmen und die Vorlage für die Feinspinnmaschine in Form von Vorgarnen zur Verfügung stellen. Bei »Bandspinnmaschinen« werden die zu verspinnenden Faserbänder in Kannen abgelegt, weshalb dieses Spinnverfahren auch vielfach als Kannenspinnverfahren bezeichnet wird [1].

Wenn auch heute trotz Beherrschung relativ hoher Verzüge meist noch mit Flyern und in der Kammgarnspinnerei mit Finisseuren gearbeitet und der erforderliche Verzug vom Band zum Gespinst auf 2 hintereinander aufgestellte Arbeitsmaschinen aufgeteilt wird, dann sind dafür verschiedene Gründe maßgebend. Zu erwähnen bliebe hier der geringere Platzbedarf für die Materialvorlage zur Feinspinnmaschine, die Möglichkeit, durch Drahtgabe oder Nitschelung den Faserverband zu verdichten und damit ein Breitverlaufen, insbesondere im Hauptverzugsfeld und am Lieferwalzenpaar des Spinnmaschinenstreckwerks, zu vermeiden bzw. zu vermindern und schließlich durch die Aufteilung des Verzugs in mehrere Zonen die Verzugsvorgänge besser überschauen und beherrschen zu können.

In der Dreizylinderspinnerei werden normalerweise Fasern versponnen, die einen relativ kurzen Stapel aufweisen. Der Zusammenhalt der in Form von Faserbändern bzw. Faserbändchen anfallenden Zwischenprodukte in der Vorspinnerei wird dabei um so geringer sein, je kleiner der Faserbandquerschnitt ist. Das gibt Veranlassung, dem der Feinspinnmaschine vorzulegenden Vorgarn eine echte Drehung zu erteilen. Diese darf dabei nicht zu hoch gewählt werden und ist im übrigen den jeweils vorliegenden Fasereigenschaften anzupassen, um ein ordnungsgemäßes Verziehen im Streckwerk der Feinspinnmaschine zu gewährleisten [2].

Diese Gegebenheiten führten zur Entwicklung der Vorspinnmaschinen mit zwangsläufig angetriebenen Spulen und Flügeln, die ein praktisch verzugsfreies Aufwinden der Vorgarne bei relativ geringen Zugkräften in der Spinn- und Aufwindezone ermöglichen.

Die beim Spinnprozeß den Vorgarnen zu erteilende Drehung soll einerseits bewirken, daß sich die in Spulenform aufgewickelten Vorgarne auf dem Gatter der Ringspinnmaschine sicher abziehen lassen, ohne daß es dabei zu Fehlverzügen bzw. zu Vorgarnbrüchen kommt. Andererseits darf der von der Faserpressung vermittelte Faserzusammenhalt nicht so groß sein, daß die sich in der Verzugszone der Spinnmaschine, insbesondere der Vorverzugszone, ausbildenden Anspann- und Verzugskräfte derart anwachsen, daß eine sichere Faserklemmung an den Druckwalzenpaaren in Frage gestellt ist [3, 4, 5].

Insbesondere bei modernen Streckwerken mit relativ großen Anpreßdrücken für die Druckrollen ist hier ein gewisser Spielraum gegeben. Es scheint deshalb nicht mehr erforderlich, im Hinblick auf den Ablauf der Verzugsvorgänge im Streckwerk extrem niedrige Drehungen für das Vorgarn anzuwenden. In diesem Zusammenhang ergibt sich die Frage, ob unter solchen Voraussetzungen der durch die Drehung vermittelte Zusammenhalt der Fasern Vorteile für den Verzugsvorgang (insbesondere in der Hauptverzugszone) bringt. Hierbei ist vor allem daran gedacht, daß ein Breitverlaufen des Faserbändchens vermieden wird und dieses auch ohne Verwendung von Verdichtungstrichtern vor dem Lieferwalzenpaar geschlossen die Klemmlinie durchläuft, so daß sich hinter dem Zylinderpaar nur ein schmales Spinndreieck ausbildet und die sichere Einbindung auch der Randfasern gewährleistet ist [6].

Während es bei dem im Dreizylinderspinnverfahren verarbeiteten Material sich als unvorteilhaft erwiesen hat, auf die Flyerpassage zu verzichten, wird in der Kammgarnspinnerei in einem großen Umfange mit ungedrehten Vorgarnen gearbeitet, wobei der gewünschte Faserzusammenhalt durch eine Nitschelung bewirkt wird.

Neben Finisseuren mit Nitschelwerk finden für die Herstellung und Verfestigung der Vorgarne, aber auch in der Kammgarnspinnerei Flyer Verwendung. In der Bundesrepublik gilt das insbesondere für Betriebe, die sich in Verbindung mit der Verarbeitung von Chemiefasern vom Dreizylinderspinnverfahren auf das Kammgarnspinnverfahren umgestellt haben. Hier steht im allgemeinen Personal zur Verfügung, das sich mit der Bedienung und der Einstellung des komplizierten Triebwerks eines Flyers auskennt. Auch bleibt zu beachten, daß synthetischen Fasern, das gilt auch bis zu einem gewissen Grade für Fasermischungen, durch Nitschelung schwer der gewünschte Zusammenhalt im Vorgarn zu vermitteln ist, so daß hier die Anwendung einer »echten« Drehung angebracht scheint [7, 8].

Zweifellos werden sich die Verzugsvorgänge im Streckwerk der Feinspinnmaschine unter anderen Voraussetzungen abspielen, wenn einmal ein genitscheltes, ein anderes Mal ein gedrehtes Vorgarn zur Vorlage kommt. Auswirkungen werden sich hieraus vor allem auf die sich ausbildenden Anspann- und Verzugskräfte ergeben. In stärkerem Maße als in der Dreizylinderspinnerei wäre also zu erwarten, daß, wenn einmal genitschelte, ein anderes Mal echt gedrehte Vorgarne zur Vorlage kommen, sich das auch hinsichtlich des Charakters der erzeugten Gespinste bemerkbar macht.

3. Aufgabenstellung

Dem vorliegenden Forschungsvorhaben war die Aufgabe gestellt, durch einschlägige Untersuchungen den Einfluß der Vorgarndrehung auf die Gespinstbildung zu ermitteln. Hiermit haben sich bereits auch andere Stellen befaßt (vgl. Abschnitt 2). Ergänzend hierzu sollte in weiteren Versuchsreihen festgestellt werden, wieweit zusätzlich die Faserführung in der Hauptverzugszone Einfluß auf die Gespinstbildung nimmt bzw. welche Zusammenhänge zwischen der Vorgarndrehung und der Faserführung durch besondere Faserführungselemente bestehen.

Um unter immer gleichen Voraussetzungen arbeiten zu können und Zufälligkeiten weitgehend auszuschalten, wurde der Einsatz einer Vorrichtung vorgesehen, die es möglich macht, einem vorgelegten Vorgarn zusätzliche Drehungen zu erteilen bzw. ein »Aufdrehen« vorzunehmen, wobei der Faserverband entsprechend aufgelockert wird.

Bei der Überprüfung der mit verschieden hart gedrehten Vorgarnen erzeugten Gespinste waren

    die Gleichförmigkeit über kleinere Fadenabschnitte,
    die mittlere Reißkraft und die mittlere Reißdehnung,
    die Variationskoeffizienten für die Reißkraft und Reißdehnung,
    außerdem
    die Kraft-Dehnungs-Eigenschaften in unteren Dehnbereichen
festzustellen.

Wenn sich bei den vorliegenden Ergebnissen aus der Dreizylinderspinnerei gezeigt hat, daß für die Drahtgabe des Flyervorgarns ein gewisser Spielraum gegeben ist, und insbesondere bei einer mangelhaften Faserführung in der Hauptverzugszone, der höher gewählte Draht gewisse Vorteile bringt, dann wäre ein gleiches Verhalten auch in der Kammgarnspinnerei zu erwarten.

Es könnte hier angenommen werden, daß Gespinste aus gedrehten (Flyer-)Vorgarnen hinsichtlich Gleichförmigkeit und Festigkeit besser abschneiden als solche, die aus genitschelten Vorgarnen erzeugt werden. Es galt, einschlägige Fragen durch Vergleichsversuche im praktischen Betrieb zu klären, wobei vom gleichen Ausgangsmaterial auszugehen, mit gleichen Spinnmaschinen zu spinnen und lediglich für die Vorgarnherstellung einmal eine Nitschelstrecke, ein anderes Mal ein Flyer einzusetzen war.

4. Versuchs- und Meßeinrichtungen

Gemeinsam mit notwendigen Angaben über die verarbeiteten Fasermaterialien finden sich bei den einzelnen, in Tabellenform bekanntgegebenen Versuchsprotokollen Hinweise über die im praktischen Betrieb eingesetzten Maschinen und über die für diese angewandten Einstellungen (vergl. Abschn. Anhang a).

Zur Durchführung von Spinnversuchen im Laboratorium verfügt das Institut über einen 6spindligen SKF-Spinntester. Der verwendete thyratrongesteuerte Gleichstrommotor ist in weiten Grenzen regelbar und gestattet das Arbeiten mit entsprechend unterschiedlichen Spindeldrehzahlen. Für den Antrieb der einzelnen Streckwerkszylinder sind Regelgetriebe (PIV-Getriebe) vorgesehen, so daß es in relativ einfacher Weise möglich ist, den Gesamtverzug und die Aufteilung des Verzugs in Vor- und Hauptverzugszone zu wählen bzw. zu verändern.

Für die mit Baumwoll- und Zellwollfasern durchgeführten Vergleichsversuche kam ein normales Dreizylinderklemmstreckwerk mit Doppelriemchen für die Faserführung in der Hauptverzugszone zum Einsatz. Weitere Einzelheiten sind auch in diesem Falle den im Abschnitt 5.1.1 wiedergegebenen Tabellen zu entnehmen.

Um das Vorgarn laufend von der Vorlagespule abzunehmen und ihm dabei eine zusätzliche Drehung vermitteln, gegebenenfalls auch eine Drehungsminderung vornehmen zu können, wurde, wie aus Abb. 1 ersichtlich, eine mit dem Spulengestell des Spinntesters verbundene Vorrichtung aufgebaut. Die Vorgarnspule ist hierbei horizontal leichtgängig gelagert in einer Bügelkonstruktion angeordnet, die vom Antrieb der Maschine aus über eine horizontal angeordnete Welle in eine Drehbewegung versetzt wird. Die Umlaufgeschwindigkeit kann dabei durch ein Wechselradgetriebe in Stufen verändert und gegebenenfalls (zur Verminderung der Drahtgabe) in ihrer Richtung auch umgekehrt werden. Das Vorgarn wird durch eine am unteren Arm des Bügels angeordnete Öse geleitet und direkt dem Einzugszylinder des Streckwerkes zugeführt.

Zu verweisen bleibt hierzu auf das von Prof. Dr. FRENZEL an der TU Dresden entwickelte Verfahren, dem allerdings eine andere Aufgabenstellung zugrunde lag. Vorgesehen war hierbei, daß sehr hart gedrehte, auf einer einfachen Flügelvorspinnmaschine erzeugte Vorgarne zur Vorlage kommen, die dann auf einem, dem Streckwerk der Feinspinnmaschine vorgeordneten »Dekordisator« mehr oder weniger stark »aufgedreht« wurden und in einem relativ lockeren Zustand dem Einzugszylinder der Spinnmaschine zuliefen [9]. Der Vorteil soll darin bestehen, daß nunmehr auf die Verwendung einer komplizierten Vorspinnmaschine mit Antrieb für Spulen und Flügel verzichtet und zur Erzeugung der Vorgarne eine einfache Flügelspinnmaschine mit nachgeschleppten Spulen eingesetzt werden kann.

Zur Ermittlung der Garneigenschaften stehen dem Institut eine Reihe von modernen Prüfeinrichtungen zur Verfügung. Eingesetzt wurden

>   der Hochfrequenz-Gleichförmigkeitsprüfer der Fa. Zellweger AG, Uster (Schweiz), in bekannter Ausführung;
>
>   ein automatisch arbeitendes, statisches Zugprüfgerät der Fa. Textechno – Typenbezeichnung »Statimat«.

Dieses gestattet die Ermittlung von Reißkraft- und Reißdehnungswerten nach dem Prinzip der konstanten Verformungsgeschwindigkeit. Mit Hilfe des elektronisch, durch ein Impulssteuersystem von der Klemmenabzugsvorrichtung aus bewegten Diagrammpapiers des Kraftschreibers können die jeweils vorliegenden Kraft-Dehnungs-Eigenschaften in Form von Kraft-Längenänderungs-Kurven dargestellt werden. Dabei besteht auch die Möglichkeit, den Anfangsbereich solcher Diagramme lupenartig vergrößert darzustellen, wenn es darauf ankommt, das Kraft-Dehnungs-Verhalten in unteren Dehnbereichen zu studieren;

>   das von der Fa. Textechno für die vorgesehenen Untersuchungen leihweise bereitgestellte Fadenprüfgerät »Autometer«.

Hier handelt es sich um eine Dehnungsprüfmaschine besonderer Art, mit der Dehnkraftprüfungen am laufenden Faden nach DIN 53829 bei einer Prüfgeschwindigkeit von 50 m/min durchzuführen sind [10]. Im vorliegenden Falle interessierte der Einsatz des Gerätes zur Vornahme von Zugfestigkeitsprüfungen nach DBP 857696. Die Möglichkeit, mit 600 Einzelversuchen je Stunde in relativ kurzer Zeit Aussagen über die Materialeigenschaften von größeren Fadenlängen zu gewinnen, war dabei für das vorliegende Versuchsvorhaben von besonderer Bedeutung;

>   die Dehnungsprüfmaschine »Dynagraph«, Fabrikat Textechno, zur Durchführung der aus Abb. 12 ersichtlichen Dehnkraftprüfungen am laufenden Faden.

5. Durchgeführte Untersuchungen

5.1 Dreizylinderspinnverfahren

Wiederholend und ergänzend zu den in Abschnitt 2 gemachten Ausführungen ist festzustellen, daß aus kurzstapeligem Fasermaterial hergestellten Vorgarnen eine Drehung vermittelt werden muß, um den notwendigen Zusammenhalt bzw. eine erforderliche Festigkeit zu erzielen. Die Haft-Gleit-Eigenschaften und damit das Verhalten eines solchen Vorgarns bei den Verzugsvorgängen im Streckwerk der Ringspinnmaschine werden dabei weitgehend von der Höhe der Drahtgabe bestimmt. Es sind deshalb entsprechende Auswirkungen auf die Eigenschaften der erzeugten Gespinste zu erwarten. Zusätzlich werden sich auf das Ergebnis Konstruktion und Einstellung des Streckwerks auswirken.

Das beschränkte Klemmvermögen der Druckroller erfordert weich gedrehte, mit kleinen Kräften zu verziehende Vorgarne. Bei einer guten Faserführung im Hauptverzugsfeld wird der von der Vorgarndrehung vermittelte Faserzusammenhalt von geringer Bedeutung sein und sich nicht wesentlich auf Gespinstbildung und -ausfall auswirken. Dagegen könnte erwartet werden, daß sich die Einflußnahme stärker aufzeigt, wenn – wie bei früheren Streckwerkskonstruktionen – keine besonderen Faserführungselemente vorgesehen sind.

5.1.1 Ergebnisse von Vergleichsversuchen

Um festzustellen, wie sich beim Verspinnen von Baumwolle die Vorgarndrehung auf die Vorgänge im Streckwerk und auf die Eigenschaften der erzeugten Gespinste auswirkt, wurden zunächst unter normalen Betriebsbedingungen Vorgarne Nm 1,27 (790 tex) mit zwei stark unterschiedlichen Drehungen (α_m 16 = 18,3 T/m und α_m 32 = 36,6 T/m) hergestellt. Das Verspinnen erfolgte mit dem unseren Institut zur Verfügung stehenden SKF-Spinntester mit einem Doppelriemchenstreckwerk der Type PK 211 E.

Die bei der anschließenden Überprüfung der erzeugten Gespinste gefundenen Werte für die mittlere Garnnummer, die Ungleichmäßigkeit, die Reißfestigkeit, die Reißdehnung und die Variationskoeffizienten für Reißkraft und -dehnung werden in Tab. 1 gegenübergestellt. Danach zeigt sich mit der Drehungserhöhung für das Vorgarn eine geringfügige Verbesserung der Garneigenschaften, die allerdings hinsichtlich der Reißfestigkeit nicht statistisch gesichert sind.

Der Spinnversuch wurde anschließend mit Zellwolle wiederholt und dabei von einer gleichen Vorgarnnummer und gleichen Vorgarndrehungen ausgegangen. Auch hier zeigte sich (vgl. Tab. 1) – abhängig von der Vorgarndrehung – eine geringfügige Veränderung in den Eigenschaften der untersuchten Gespinste. Wenn dabei festgestellt wird, daß bei gleicher Streckwerkseinstellung bzw. gleichem Getriebeverzug mit Erhöhen der Vorgarndrehung die Gespinstnummer gröber ausfällt, dann dürfte dies darauf zurückzuführen sein, daß in der Vorverzugszone des Streckwerkes das härter gedrehte Zellwollvorgarn relativ hohe Anspann- bzw. Verzugskräfte erfährt, so daß es hier zu Durchschlupferscheinungen an den Klemmstellen kommt. Treten diese am Hinterzylinder auf, dann hat das eine Verminderung des Gesamtverzuges und damit ein gröberes Gespinst zur Folge.

Wird bei der Beurteilung der Garnfestigkeit nicht nur die ermittelte Reißkraft, vielmehr auch die Garnnummer berücksichtigt und die Festigkeit nicht in p, sondern in Rkm dargestellt, dann zeigt sich, daß hier praktisch für die aus dem normal und dem hart gedrehten Vorgarn erzeugten Gespinste kein Unterschied besteht.

Die getroffenen Feststellungen gaben Veranlassung, den Versuch zu wiederholen. Um dabei anschaulich sichtbar zu machen, wie sich die Faserlage im Vorgarn bzw. die durch die Drahtgabe bewirkte Verdichtung auswirkt, sind dabei auch Vorgarne vorgelegt worden, die keinen »echten« Draht erhalten haben. Zu diesem Zweck wurde das aus dem Streckwerk des Flyers austretende Fasermaterial locker in einen Behälter eingelegt, dem es dann auf der Ringspinnmaschine wieder entnommen werden konnte.

Für die Ringspinnmaschine fand auch hier wieder ein PK-211-E-Streckwerk Verwendung. Die Ausspinnung erfolgte in diesem Falle allerdings nicht im Laboratorium, vielmehr auf einer im praktischen Spinnereibetrieb eingesetzten Spinnmaschine. Der Tab. 2 (linke Spalten) sind die an dem Baumwollgespinst ermittelten Meßwerte zu entnehmen. Sie zeigen die Abhängigkeit der verschiedenen Kenndaten von der Vorgarndrehung.

Gegenüber dem Gespinst aus dem Vorgarn, das vom Streckwerk des Flyers ohne Drahtgabe abgenommen ist, ergibt sich für das Gespinst aus dem gedrehten Vorgarn eine

Zunahme der Festigkeit, die auch in der für die Rkm ermittelten Zahl zum Ausdruck kommt. Im übrigen sind hinsichtlich der Gespinsteigenschaften keine bemerkenswerten Unterschiede festzustellen. Das kommt auch bei der graphischen Darstellung (Abb. 2) zum Ausdruck.

Die unter sonst gleichen Verhältnissen mit gröber werdender Garnnummer anwachsende Festigkeit gab Veranlassung, als Maßstab nicht Nm, sondern tex zu wählen.

Die bei gleichartigen Spinnversuchen mit Zellwolle gefundenen Meßwerte sind ebenfalls aus Tab. 2 ersichtlich. Auffällig ist hierbei wieder das Gröberwerden der Gespinste, wenn gedrehte bzw. besonders hart gedrehte Vorgarne zugeführt werden. Die Reißkraft liegt für die Gespinste aus ungedrehtem bzw. normal mit 20 T/m gedrehten Vorgarn etwa in gleicher Höhe. Für das Gespinst aus dem hart gedrehten Vorgarn weist sie einen Anstieg auf, der bei einer Beurteilung der Garnfestigkeit nach der Reißlänge aber durch die gröber gewordene Gespinstnummer wieder weitgehend ausgeglichen wird. Auch für diesen Spinnversuch wird die Tabelle durch eine graphische Darstellung ergänzt (vgl. Abb. 3).

5.1.2 Untersuchungen mit der Nachdrehvorrichtung

Die im Abschnitt 4 beschriebene und in Abb. 1 gezeigte Nachdrehvorrichtung gibt die Möglichkeit, normal hergestellten Vorgarnen zusätzlich Drehungen zu erteilen oder auch nach vorgenommener Drehrichtungsumkehr ein Aufdrehen zu bewirken. Hierbei sind natürlich Grenzen gesetzt, da eine gewisse Restfestigkeit des Vorgarns erhalten bleiben muß, um ein bruch- und verzugsfreies Abnehmen von der Vorgarnspule zu gewährleisten. Die Vorrichtung wurde verwendet, um Untersuchungen über den Einfluß der Vorgarndrehung auf die Gespinsteigenschaften sowohl mit Baumwolle als auch mit Zellwolle vorzunehmen. Über die dabei gefundenen Ergebnisse wird in den nachfolgenden Abschnitten ausführlich berichtet.

5.1.2.1 Spinnversuche mit kardierter Baumwolle

Als Fasermaterial kam eine Baumwolle Louisiana $1^1/_8''$ zum Einsatz. Die Nummer des Vorgarns lag bei Nm 1,9 (525 tex) und die Drehung bei α_m 20,6 = 28,4 T/m. Über die Einstellung des Spinnmaschinenstreckwerks sind folgende Angaben zu machen:

Gesamtverzug 18fach, Vorverzug 1,2fach,
angewandte Spindeldrehzahl 9000 U/min, Ringläufer C, Spinnflach Nr. 1.
Angestrebt war eine Garnnummer Nm 34 (30 tex) bei α_m 94 = 550 T/m.
Beim Streckwerk war die Vorfeldweite auf 66 mm, die Hauptfeldweite auf 51 mm eingestellt (Doppelriemchenstreckwerk).

Die Spulendrehvorrichtung wurde in der Weise genutzt, daß in Stufen dem Vorgarn Drehungen zugegeben wurden (bis + 80%) und durch Umkehr der Drehrichtung ein Rückdrehen bis auf —60% von der Solldrehung erfolgte. Bei diesen Grenzwerten war ein ordnungsgemäßes Spinnen nicht mehr möglich. Mit der stark erhöhten Drahtgabe stieg die Vorgarnhaftkraft in einem Maße an, daß ein ordnungsgemäßes Verziehen nicht mehr gewährleistet war. Die starke Drehungsverminderung (—60%) führte zu einem ungleichmäßigen Verzug in der Hauptverzugszone. In diesem Zusammenhang bleibt darauf hinzuweisen, daß bei einem solchen »Nach«- bzw. »Aufdrehen« mit Drehungsverlagerungen innerhalb der Drallstrecke (Spulenumfang bis Streckwerkseintritt) zu rechnen ist. Beim Zudrehen wird dies dazu führen, daß bestimmte Vorgarnabschnitte, insbesondere solche geringeren Querschnitts, zuviel Drehung aufnehmen.

Andererseits ist beim Aufdrehen nicht zu vermeiden, daß sich einige Vorgarnabschnitte besonders stark auflockern.

Im Drehbereich +60 bis —40% war es möglich, ordnungsgemäß zu spinnen, obwohl natürlich auch hier damit gerechnet werden muß, daß die zusätzliche Vorgarndrehung nicht so exakt wie durch den Flyer aufgebracht wird.

Die Ergebnisse dieser Versuche sind mit der Tab. 3 und der zugehörigen Abb. 4 zusammengestellt. Auch hier ist natürlich mit Zufälligkeiten, insbesondere hinsichtlich der Gleichförmigkeit und sonstigen Eigenschaften des Vorgarnes zu rechnen. Hierauf ist es zurückzuführen, wenn bei dem relativ geringen Stichprobenumfang vorhandene Tendenzen nicht klar in Erscheinung treten.

Die Erhöhung der Vorgarndrehung über den Ausgangswert hinaus führt offenbar zu einer geringfügigen Erhöhung der Reißkraft, die auch bei Berücksichtigung der jeweiligen Garnnummer in den Rkm-Werten zum Ausdruck kommt. Im übrigen ist damit zu rechnen, daß mit der durch die Zusatzdrehung erhöhten Vorgarnhaftung Durchschlupferscheinungen an den Klemmstellen begünstigt werden, so daß keine sichere Gewähr dafür gegeben ist, daß der am Streckwerk eingestellte Getriebeverzug an allen Spinnstellen auch wirklich gleich ausgeübt wird.

5.1.2.2 Spinnversuche mit Zellwolle

Zu den weiterhin mit Zellwolle durchgeführten Spinnversuchen sind folgende Angaben zu machen:

Stapellänge 60 mm, Faserfeinheit 3,3 dtex,
Vorgarnnummer Nm 2,0 (500 tex), Vorgarndrehung α_m 18,6 = 26,3 T/m

Spinnmaschinendaten:

Gesamtverzug 17fach, Vorverzug 1,2fach,
angewandte Spindeldrehzahl 9000 U/min, Ringläufer C, Spinnflach Nr. 1,
angestrebte Garnnummer Nm 34 (30 tex) α_m 86 = 500 T/m,
Vorfeldweite 69 mm, Hauptfeldweite 66 mm (Doppelriemchenstreckwerk).

Mit der Nachdrehvorrichtung wurde die normale Vorgarndrehung (26,3 T/m) von —60 bis +60% verändert. Die bei der Überprüfung der erzeugten Gespinste gefundenen Meßwerte sind in Tab. 4 zusammen- und gegenübergestellt. Es zeigt sich, daß die Veränderung der Vorgarndrehung nur geringe Auswirkungen hat. Ein Anstieg der Reißkraft war offenbar dadurch bedingt, daß auch hier die zunehmende Vorgarndrehung zu einer gröberen Nummer führt, so daß die in Rkm ausgedrückte Garnfestigkeit für alle Einzelversuche praktisch gleiche Werte aufweist. Anschaulicher als mit der Tabelle kommen die beobachteten Tendenzen in der bildlichen Darstellung Abb. 5 zum Ausdruck. Der Einfluß der Vorgarndrehung auf die Gespinstdaten scheint hier überraschenderweise noch geringer als bei Baumwolle. Es könnte danach angenommen werden, daß die sich bis in die Hauptverzugszone fortsetzende Vorgarndrehung praktisch belanglos ist und daß ein unerwünschtes Auseinanderspreizen der Fasern in ausreichendem Maße bereits durch die Führung zwischen 2 Lederriemchen verhindert wird.

5.1.2.3 Einfluß der Faserführung in der Hauptverzugszone

Um zu klären, wieweit die vorstehend angestellten Überlegungen den vorliegenden Gegebenheiten entsprechen, wurden weitere Spinnversuche mit dem gleichen Zellwollmaterial und dem gleichen Vorgarn (Normaldrehung α_m 18,6 = 26,3 T/m) durchgeführt, hierbei aber auf eine Faserführung im Hauptverzugsfeld durch Doppelriemchen verzichtet.

Auch für diese Versuche fand wieder der im Laboratorium aufgestellte Spinntester Verwendung. Über die Streckwerkseinstellung und den Betrieb sind folgende Angaben zu machen:

Gesamtverzug 17fach, Vorverzug 1,2fach,
angewandte Spindeldrehzahl 9000 U/min, Ringläufer C, Spinnflach Nr. 1,
angestrebte Sollnummer Nm 34 (30 dtex), α_m 86 = 500 T/m,
Vorfeldweite 67 mm, Hauptfeldweite 62 mm (ohne Doppelriemchen im Hauptverzugsfeld).

Die für die erzeugten Gespinste gefundenen Prüfdaten gehen aus Tab. 5 hervor. Wiederum wurden die einzelnen Meßwerte auch in Diagrammform aufgetragen. Hierzu bleibt auf Abb. 6 zu verweisen.

Es hätte erwartet werden können, daß sich die verdichtende Wirkung der Vorgarndrehung im Hauptverzugsfeld stärker auf den Gespinstcharakter auswirkt. Wenn das nicht der Fall ist, dann kann und muß daraus gefolgert werden, daß der Vorgarndrehung bezüglich der Beeinflussung der Verzugsvorgänge im Streckwerk der Ringspinnmaschine nicht die Bedeutung zukommt, die ihr ursprünglich beigemessen wurde. Offenbar haben in dieser Hinsicht andere Maßnahmen wesentlich größere Einflüsse. In dem Zusammenhang ist auf die für gleiches Material und gleiche Voraussetzungen geltende Tab. 4 und die Abb. 5 zu verweisen.

Hieraus geht hervor, daß bei einer ordnungsgemäßen Faserführung im Hauptverzugsfeld durch Doppelriemchen die Gespinste eine wesentlich bessere Gleichförmigkeit, eine erheblich höhere Festigkeit und auch bessere Variationskoeffizienten für Reißkraft und Reißdehnung aufweisen.

Nach diesen Feststellungen und Erkenntnissen scheint es also wenig sinnvoll, geringfügige Güteverbesserungen dadurch erzielen zu wollen, daß gegenüber der üblichen mit einer erhöhten Vorgarndrehung gearbeitet wird, für die zudem gewisse Nachteile in Kauf genommen werden müßten. Diese sind darin zu sehen, daß die Produktion auf dem Flyer mit zunehmender Drahtangabe zurückgeht und beim Spinnmaschinenstreckwerk mit einem begrenzten Klemmvermögen zu rechnen ist, so daß durch eine harte Drehung erhöhte Haft- bzw. Verzugskräfte zu Durchschlupferscheinungen führen können. Treten diese am Hinterzylinder auf, dann ist der effektive Verzug geringer als der eigentlich eingestellte Getriebeverzug und die erzeugte Garnnummer fällt entsprechend gröber aus.

5.2 Kammgarnspinnverfahren

Zur Erzeugung der den Feinspinnmaschinen vorzulegenden Vorgarne finden in der Kammgarnspinnerei vornehmlich Finisseure Verwendung. Ein guter Zusammenhalt der Fasern im Vorgarn zwecks Vermeidung von Fehlverzügen bei der Vorgarnzuführung auf der Spinnmaschine wird dabei durch das dem Strecksystem des Finisseurs nachgeordnete Nitschelwerk erreicht. Die auf diese Weise erzielte »Verfestigung« ist im allgemeinen ausreichend, wobei natürlich die durch Nitschelung erzielten Effekte bis zu einem gewissen Grade von den Eigenschaften der jeweils verarbeiteten Fasern abhängig sind.

Gleichzusetzen sind hier die in der Kammgarnspinnerei verwendeten, den Spulvorrichtungen für Faserbänder und Bändchen vorgeordneten Drehröhrchensysteme. Für die Verzugsvorgänge im Spinnmaschinenstreckwerk hat zu gelten, daß damit keine echte Drahtgabe für das Vorgarn erzielt wird, wie sie beim Flyer gegeben ist.

Eine Parallellage der Fasern im Vorgarn wird zweifellos zur Folge haben, daß die zum Ausüben des Verzugs erforderlichen Kräfte relativ gering bleiben. Wenn dabei ein solches Vorgarn die Neigung zeigt, sich in dem Verzugsfeld seitwärts auszubreiten, das Lieferwalzenpaar breitverlegt zu verlassen und am Streckwerkaustritt ein stark ausgeprägtes Spinndreieck zu bilden, dann kann dem durch eine geeignete Faserführung in der Hauptverzugszone Rechnung getragen werden. Ganz allgemein sind heute auch die Spinnmaschinen in der Kammgarnspinnerei mit Riemchenstreckwerken ausgestattet, welche die Gefahr des Abspreizens von Fasern während des Verzugsvorganges vermindern.

Nach den Ausführungen in den vorangegangenen Abschnitten wäre anzunehmen, daß ein echter Draht sich günstig auf die Faserführung im Streckwerk auswirkt und das Faserbändchen auch dann noch der Klemmstelle am Lieferwalzenpaar geschlossen zuläuft, wenn die Mittel zur Faserführung in der Hauptverzugszone die ihr zugedachte Aufgabe nur unvollkommen erfüllen. Das spräche auch hier für den Einsatz einer Vorspinnmaschine (Flyer), die dem der Spinnmaschine vorzulegenden Material mit Hilfe von Flügel und zwangsläufig angetriebener Hülse einen Drall erteilt und es in Spulenform aufwindet.

Der Einsatz von Flyern in der Kammgarnspinnerei bringt weiterhin den Vorteil, daß in gleicher Weise wie in der Dreizylinderspinnerei damit kompaktere und relativ stoßunempfindliche Vorgarnspulen zu erzeugen sind. Auch vermindert eine durch die Drahtgabe zu erzielende Erhöhung der Haftkraft die Gefahr, daß es beim Abnehmen der Vorgarne auf dem Spulengatter der Ringspinnmaschine zu Fehlverzügen und Vorgarnbrüchen kommt.

In der Kammgarnspinnerei wurde schon früher vielfach mit Vor- und Feinspinnmaschinen gearbeitet, bei denen Drallerteilung und Aufwinden mit Hilfe von rotierenden Flügeln erfolgte. Wenn neuerdings der Flyer mit zwangsläufig angetriebenen Flügeln und Spulen in gewissem Umfang in der Betriebspraxis Eingang fand und dabei dem Finisseur Konkurrenz macht, dann dürfte dies – wie schon ausgeführt – nicht zuletzt darauf zurückzuführen sein, daß eine Reihe von Baumwoll- und Zellwollspinnereien auf die Verarbeitung von Wolle umgestellt hat.

Veranlassung, Flyer statt Finisseure einzusetzen, wird unter anderem auch dadurch gegeben sein, daß Vorgarnen aus Chemiefasern, und hier insbesondere Synthetiks, durch eine Nitschelung schwer der gewünschte Zusammenhalt zu vermitteln ist. Eine auf dem Flyer erteilte, in der Größe wählbare Drahtangabe vermeidet solche Schwierigkeiten und gibt zudem die Möglichkeit, den jeweils vorliegenden Materialeigenschaften weitgehend Rechnung zu tragen.

Für das vorliegende Forschungsvorhaben schien die Behandlung einschlägiger Fragen und Probleme insofern interessant, als bei Gespinsten aus ungedrehten Finisseurvorgarnen und gedrehten Flyergarnen direkte Vergleichsmöglichkeiten gegeben sind. Dabei konnte in Übereinstimmung mit den Ansichten von Betriebspraktikern angenommen werden, daß sich Flyervorgarne besser verspinnen lassen und die Eigenschaften der erzeugten Garne gewisse Vorteile hinsichtlich der Gleichförmigkeit, aber auch der Gleichmäßigkeit von Reißkraft- und Reißdehnungswerten aufweisen.

Nachfolgend wird über die Ergebnisse von Spinnversuchen in zwei größeren Kammgarnspinnereien berichtet, mit denen aufzuzeigen war, wie sich Finisseurvorgarne und Flyervorgarne beim Verspinnen verhalten bzw. welche charakteristischen Eigenschaften die dabei erzeugten Gespinste aufweisen.

5.2.1 Haft-Gleit-Eigenschaften der Vorgarne

Wie schon ausgeführt, vermittelt die Drahtgabe auf dem Flyer die Möglichkeit, die Haft-Gleit-Eigenschaften maßgeblich zu beeinflussen. Die durch eine härtere Drehung erzielte Erhöhung der Faserpressung wird dabei zur Folge haben, daß die Haftkräfte anwachsen. Hierbei bleibt zu beachten, daß hohe Haftkräfte entsprechend hohe Verzugskräfte im Streckwerk zur Folge haben und an den Zylinderpaaren Durchschlupferscheinungen auftreten können, wenn das Klemmvermögen nicht ausreicht, um eine Auflösung des Faserverbandes in der Verzugszone zu bewirken.

Anschaulich lassen sich die Haft-Gleit-Eigenschaften mit Haft-Gleit-Kurven aufzeigen, die bei statischen Zugprüfungen mit Geräten aufgenommen werden, welche nach dem Prinzip der konstanten Verformungsgeschwindigkeit arbeiten. Bedingt durch die Faserschichtung im Vorgarn und durch anderweitige Einflüsse ist mit einer gewissen Streuung der einzelnen Meßwerte zu rechnen. Mit Abb. 7 werden deshalb »gemittelte« Haft-Gleit-Kurven dargestellt, die den Einfluß der Drahtgabe auf die Höhe der Haftkräfte und den Kurvenverlauf anschaulich erkennen lassen. Jeder Kurve liegen 50 Zugversuche zugrunde.

Wie erwartet, vermittelt die durch die Drahtgabe erhöhte Faserpressung ein starkes Anwachsen der von einem solchen Vorgarn zu übertragenden Haft-, d. h. Höchstkräfte.

Beim Finisseurvorgarn kann kein direkter Einfluß auf den Faserzusammenhalt und damit auf die Höhe der Haftkraft genommen werden. Allerdings werden sich in gewisser Weise die Einstellung des Nitschelwerkes und die Art der verwendeten Nitschelhosen auswirken. Dabei ist jedoch nicht zu erwarten, daß auf solche Weise größere Veränderungen der Materialeigenschaften zu erzielen sind.

Interessant ist das Haft-Gleit-Verhalten nach Überschreiten der Höchstkraft, d. h. also im eigentlichen Verzugsbereich. Bei gleichem Dehnungsmaßstab weist das Finisseurvorgarn einen steileren Abfall als das Flyervorgarn auf. Eine Erklärung hierfür ist dahin zu geben, daß der Verzug in der 400 mm langen Prüfstrecke an der schwächsten Stelle des Faserverbandes einsetzen wird, die dann im weiteren Verlauf des Prüfvorganges immer weiter auseinandergezogen wird, wobei ein rascher Kraftabfall eintritt.

Bei einer visuellen Beobachtung des Vorgarns während des Zugversuchs zeigt sich, daß bei einem gedrehten Vorgarn eine Drallverlagerung eintritt, die dazu führt, daß der durch Verziehen dünner werdende Vorgarnabschnitt eine höhere Drehung erfährt. Das führt zu einer erneuten Verfestigung, so daß der Kraftrückgang nach Überschreiten der Höchstkraft hier nicht so rasch erfolgt wie bei einem Finisseurvorgarn mit praktisch parallel liegenden Fasern. Ähnliche Überlegungen gelten für das Verhalten der Vorgarne im Streckwerk, allerdings mit der Einschränkung, daß das Verzugsfeld wesentlich kürzer ist als die Prüfstreckenlänge beim statischen Zugversuch. Auch wird eine Faserführung durch Riemchen oder Flotteure die Drallverlagerung auf eine dünner werdende Materialstelle behindern.

5.2.2 Eigenschaften der aus Finisseur- und Flyervorgarnen erzeugten Wollgespinste

In Tabellenform sind die Ergebnisse umfangreicher Vergleichsversuche zusammengestellt. Aufgezeigt werden soll damit, wie sich beim Verarbeiten von Finisseur- und Flyervorgarnen

  die *Gleichförmigkeit,*
  die *Reißfestigkeit,*
  die *Garnnummer,* die bei einer nur unvollkommenen Ausübung des Getriebeverzuges durch Schlupferscheinungen an den Klemmstellen gröber ausfallen wird als dies

der Höhe des Getriebeverzuges zwischen Einzugs- und Lieferzylinder entspricht,
die aus Reißkraft und Garnnummer ermittelte *Reißlänge*,
der Variationskoeffizient der *Reißkraft*,
die Größe der *Bruchdehnung*, die bei Wollgespinsten vielfach nicht mit der Reißdehnung zusammenfällt, vielmehr wegen der Orientierungsvorgänge im Garn während des Zugversuches wesentlich über der Reißdehnung liegen kann, was für die Beurteilung der Garnqualität von besonderer Bedeutung ist,
und der *Variationskoeffizient* der *Reißdehnung*

ausbilden.

5.2.2.1 Spinnerei A, Versuchsserie 1 (Wolle)

Einzelheiten über das bei dieser Versuchsreihe eingesetzte Fasermaterial, über Vorgarne und Gespinste und die Art und Einstellung der eingestzten Ringspinnmaschinen finden sich in der linken Spalte der Tab. 6. Aus gleichen Vorgarnen wurden Gespinste der Nm 36 mit α_m 75 = 450 T/m und α_m 85 = 510 T/m hergestellt. Der Tab. 7 ist zu entnehmen, daß

in beiden Fällen die Festigkeit der aus den Finisseurvorgarnen erzeugten Gespinste wesentlich (im Mittel 20%) höher liegt als bei den Gespinsten aus Flyervorgarnen,
der Vergleich der Reißlängen gleiche Tendenzen zeigt, wobei sich jedoch der ausgewiesene Festigkeitsunterschied geringfügig vermindert, weil die Gespinste aus dem Finisseurvorgarn etwas gröber ausgefallen sind,
die Garngleichförmigkeit einen nur unwesentlichen Unterschied aufzeigt,
dagegen die Gespinste aus Finisseurvorgarnen statistisch gesichert eine größere Reißdehnung aufweisen.

5.2.2.2 Spinnerei A, Versuchsserie 2 (Wolle)

Die bei der in Abschnitt 5.2.2.1 behandelten Versuchsserie 1 getroffenen Feststellungen gaben Veranlassung zur Durchführung weiterer Spinnversuche. Dabei wurden außer einem Finisseurvorgarn verschieden hoch gedrehte Flyervorgarne versponnen. Außerdem kamen 2 unterschiedlich aufgebaute Streckwerke (PK 616 mit Doppelriemchenanordnung und Perfekt mit Unterriemchen und aufgelegten Flotteuren) zum Einsatz. Weitere Einzelheiten sind der Tab. 6 rechte Spalte zu entnehmen.
Zur Ermittlung des Kraft-Dehnungs-Verhaltens der Gespinste diente wieder der Zugprüfautomat Statimat. Dieser kann wahlweise so betrieben werden, daß die Prüfung beendet wird, wenn nach Überschreiten der Höchstkraft (Reißkraft) ein geringfügiger Kraftrückgang eintritt. Der zugehörige Dehnungsbetrag wird dann als Reißdehnung ausgewiesen. Wollgarne zeigen vielfach – durch Schleifererscheinungen bedingt – bei statischen Zugprüfungen gemäß dem Prinzip der konstanten Verformungsgeschwindigkeit nach Überschreiten des Höchstwertes einen starken Kraftabfall ehe Fadenbruch eintritt. Die hierbei ermittelten Werte für die »Bruchdehnung« liegen vielfach wesentlich über den Werten für die »Reißdehnung«. Da das hierin zum Ausdruck kommende Materialverhalten für die vorliegende Aufgabenstellung von Bedeutung schien, wurde der Statimat bei dieser Versuchsserie mit der Einstellung »Bruchdehnung« betrieben. Dabei wird der Antrieb der Abzugsklemme erst nach erfolgtem Fadenbruch stillgesetzt.
Die bei der Ermittlung der Gleichförmigkeit, der Reißkraft und der Bruchdehnung gefundenen Werte für die sowohl mit dem SKF-Streckwerk PK 616 als auch mit dem Perfekt-Streckwerk erzeugten Gespinste finden sich in den Tab. 8 und 9.

Wieder ist festzustellen, daß die aus Flyervorgarnen unter gleichen Voraussetzungen erzeugten Gespinste
- eine etwas gröbere Nummer,
- eine kaum abweichende Ungleichförmigkeit,
- eine nicht unwesentlich geringere Festigkeit (sowohl als Reißkraft als auch als Reißlänge ausgewiesen) und
- eine geringere Bruchdehnung

als die Gespinste aus Finisseurvorgarn aufweisen.

Von Interesse erschien in diesem Zusammenhang das Kraft-Dehnungs-Verhalten. Nach Auswertung zahlreicher Einzelversuche wurden die aus Abb. 8 ersichtlichen mittleren Kraft-Längenänderungs-Kurven aufgetragen. Diesen ist zu entnehmen, daß bei dem Spinnversuch mit SKF-Streckwerk PK 616 der unterschiedliche Vorgarncharakter die Gespinsteigenschaften stark verändert, eine unterschiedliche Vorgarndrehung dagegen wenig Einfluß nimmt, so daß die Kurven praktisch zusammenfallen. Abb. 9 gilt für den Parallelversuch mit dem Perfekt-Streckwerk. Auch hier sind die Unterschiede für die Gespinste aus Finisseur- und Flyervorgarnen beträchtlich, während sich die Vorgarndrehung, wie aus der Abbildung hervorgeht, nur wenig auswirkt.

Die Möglichkeit, über ein von der Fa. Textechno bereitgestelltes Fadenprüfgerät Autometer zu verfügen, gab Veranlassung, auch dieses Gerät zur Überprüfung der Gespinste einzusetzen. Es bietet den Vorteil, daß bei einem großen Stichprobenumfang, wie er bei stark streuenden Meßwerten erforderlich wird, Zeit eingespart werden kann.

Ergänzend zu den Tab. 8 und 9 bringen die Tab. 10 und 11 die bei den Reißprüfungen am laufenden Faden mit dem Autometer gefundenen Meßwerte. Wenn sich dabei für Reißkraft, Reißlänge (Rkm) und Dehnung gegenüber der statischen Zugprüfung höhere Werte ergeben, dann ist das auf die bei diesem Verfahren andersartige Materialbeanspruchung, u. a. auf die kurze Prüfdauer (Zeit von Beginn der Anspannung bis zum Eintritt des Fadenbruchs) zurückzuführen. Auch kommt bei dem Autometer eine Prüfstreckenlänge von 200 mm zur Anwendung, während mit dem Statimat in diesem Falle normgerecht mit 500 mm Einspannlänge geprüft wurde.

Aus Versuchsreihen, die sich mit dem Einfluß von Prüfdauer und Prüfstreckenlänge beim statischen Zugversuch auf Reißkraft und Bruchdehnung befassen, stammt Abb. 10. Geprüft wurde das Verhalten des aus Finisseurvorgarn auf dem Perfekt-Streckwerk hergestellten Gespinstes, dessen Materialverhalten aus Tab. 10 und Abb. 9 ersichtlich ist.

Es zeigt sich ein Ansteigen der Reißkraft in Abhängigkeit von einer verminderten Prüfstreckenlänge und einer Verkürzung der Prüfdauer (angewandt wurden 20 und 3 s). Gleichzeitig wird dargestellt, wie sich die Meßwerte für die Bruchdehnung verändern. Das daraus ersichtliche Verhalten gilt tendenzmäßig auch für andere Fadenmaterialien. Dabei bleibt aber zu beachten, daß sich auch Relaxationserscheinungen, die Stapellänge der Fasern, Schleifererscheinungen im Gespinst u. a., auswirken, so daß sich für andere Materialien andere Größenverhältnisse ergeben werden.

Mit + sind die mit dem Autometer für gleiches Fadenmaterial gefundenen Meßwerte bei 200 mm Einspannlänge gekennzeichnet. Die Reißkraft vom Autometer stimmt danach mit der Statimat-Prüfung bei kurzer Reißdauer gut überein. Bezüglich der Dehnungsermittlung bleibt darauf hinzuweisen, daß das Autometer mit der Normaleinstellung betrieben wurde, wobei ein Wert für die Reißdehnung und nicht für die Bruchdehnung anfällt. Damit ist die gegenüber der Statimat-Prüfung geringere Dehnung zu erklären.

5.2.2.3 Spinnerei B, Versuchsserie 1 (Wolle)

Es bestand Gelegenheit, gleichartige in einer anderen Spinnerei durchgeführte Spinnversuche auszuwerten und die Ergebnisse wiederum in Tabellenform zusammenzufassen. Dabei wurden Vorgarne unterschiedlicher Nummer und Drehung versponnen und wieder zwei unterschiedliche Spinnmaschinenstreckwerke eingesetzt. Es handelte sich dabei um ein Doppelriemchenstreckwerk PK 628 sowie eine modifizierte Streckwerkskonstruktion mit Doppelriemchen, deren Oberriemchen durch innenliegende Flotteure belastet wurde. Weitere Einzelheiten sowie Angaben über das verwendete Fasermaterial sind der linken Spalte der Tab. 12 zu entnehmen. Tab. 13 bringt die Meßergebnisse. Danach zeigt die Gleichförmigkeitsprüfung wieder keine größeren Abweichungen für die aus Finisseur- und Flyervorgarnen hergestellten Gespinste. Auch eine klar erkennbare Auswirkung der Vorgarnnummer und der Vorgarndrehung liegt nicht vor. Dagegen ist auch bei diesen Spinnversuchen festzustellen, daß die Reißkraft und geringfügig auch die Reißdehnung der Gespinste aus dem nicht gedrehten Finisseurvorgarn höher liegen als beim Flyervorgarn. Als Prüfgerät kam hierbei nur das Autometer zum Einsatz.

5.2.2.4 Spinnerei B, Versuchsserie 2 (Wolle/Zellwolle)

Das beobachtete unterschiedliche Verhalten der Wollgespinste ist sicher vornehmlich auf bestimmte Eigenarten der Wollfasern zurückzuführen. Abschließend zu den vorbehandelten Spinnversuchen soll deshalb noch aufgezeigt werden, welche Feststellungen bei einem Mischgespinst 70 Wolle/30 Zellwolle getroffen wurden. Material- und Maschinendaten hierzu bringt die Tab. 12 mit den rechten Spalten. Die Tab. 14 wurde nach den Prüfergebnissen ausgefertigt. Der Unterschied der Reißkraftwerte für Gespinste aus gedrehtem und ungedrehtem Vorgarn ist hier unbedeutend. Gleiche Feststellungen gelten auch hinsichtlich der Garndehnung. Bei den Versuchen wurde weiterhin festgestellt, daß die Streckwerkskonstruktion und eine Veränderung der Eindrehtiefe für die Kanalwalze des Doppelriemchenstreckwerks PK 628 ohne praktische Auswirkungen bleibt.
Sicher lassen sich die für die vorliegenden Verhältnisse gefundenen Aussagen nicht verallgemeinern. Es scheint aber sinnvoll, die Versuche fortzusetzen und dabei den Materialeinfluß zu studieren.

5.2.3 Gespinsteigenschaften in unteren Dehnbereichen

Aus den mit den Abb. 8 und 9 gezeigten Kraft-Längenänderungs-Kurven ist ersichtlich, daß sich die aus Finisseur- und Flyervorgarnen hergestellten Gespinste nicht nur hinsichtlich Reißkraft und Bruchdehnung voneinander unterscheiden, daß vielmehr abweichende Eigenschaften auch für untere Dehnbereiche vorliegen. Das kommt dadurch zum Ausdruck, daß die Kurven in den unteren Bereichen eine unterschiedliche Steilheit aufweisen und daß zu einer vorgegebenen Bezugskraft gehörende Dehnungswerte oder zu einer eingestellten Bezugsdehnung gehörende Kraftwerte nicht miteinander übereinstimmen.
Diese Beobachtung gab Veranlassung, die in der Spinnerei A – Versuchsreihe 1 (vgl. Abschnitt 5.2.2.1) – erzeugten Gespinste weiteren Prüfungen zu unterziehen. Dabei kam es vor allem darauf an, festzustellen, wie sich diese verhalten, wenn sie gegenüber der Reißkraft bzw. der Bruchdehnung nur geringen Beanspruchungen unterworfen werden.

Der Statimat gibt die Möglichkeit, den Anfangsbereich von Kraft-Längenänderungs-Kurven lupenartig vergrößert darzustellen, indem mit kleineren Kraftmaßstäben und mit einem größeren Diagrammpapiervorschub gearbeitet wird. Die Prüfung wird dann jeweils abgebrochen, wenn entweder eine vorgegebene Bezugsdehnung oder auch eine vorgegebene Bezugskraft erreicht ist.

Bei den in Abb. 11 wiedergegebenen Prüfergebnissen gelten die obenstehenden für Gespinste aus Flyergarn, während die untenstehenden an Gespinsten gefunden worden, bei denen Finisseurvorgarne zur Vorlage kamen.

Jeweils links sind Kraft-Längenänderungs-Linien aufgezeichnet. Bei den mittleren Diagrammen wurden die Kraft- und Dehnungsmaßstäbe so eingestellt, daß die Kurvensteilheit im Anfangsbereich besonders anschaulich sichtbar wird. Jeweils rechts schließen sich dann die für eine Bezugsdehnung von 2% bei aufeinander folgenden Prüfungen angefallenen Zugkraftwerte an, die in Form von Strichdiagrammen wiedergegeben werden. Dabei zeigen sich »Lagenspiele« auf, die erkennen lassen, daß die jeweils von der Kegelspitze des Spinncop stammenden Fadenabschnitte ein anderes Dehnungsverhalten aufweisen als Fadenabschnitte von der Kegelbasis.

Diese Tendenz macht sich bei den Gespinsten aus Flyervorgarnen stärker bemerkbar als bei den Gespinsten, die aus Finisseurvorgarn erzeugt wurden. Zweifellos ist die Ursache hierfür in Vorgängen zu suchen, die mit der Materialbeanspruchung in der Verzugszone des Streckwerks zusammenhängen, aber auch in Vorgängen im Spinn- und Aufwindefeld und den hier wirksamen Zugspannungen. Sie wurden in einer solch ausgeprägten Form bei früheren Dehnungsprüfungen an Wollgespinsten nicht beobachtet. Es bestand deshalb Veranlassung, das gleiche Material einer weiteren Prüfung zu unterwerfen. Hierbei wurde die Prüfstreckenlänge des Statimat auf 100 mm reduziert, so daß auch Materialveränderungen erfaßt werden, die sich auf relativ kurze Fadenabschnitte verteilen. Abb. 12 bringt obenstehend die hierbei aufgenommenen Strichdiagramme. Sie zeigen sehr anschaulich, daß je nachdem, welchem Copteil der Faden entnommen wird, bei der immer gleichen Dehnung von 2% stark unterschiedliche Zugkräfte auftreten. Bei einer anschließenden Dehnungsprüfung am laufenden Faden mit Hilfe der Dehnungsprüfmaschine Dynagraph zeigte sich ein völlig gleichartiges Verhalten. Auch hierbei treten ausgesprochene »Lagenspiele« auf, die mit der Hubverlegung des Fadenmaterials auf dem Spinncop übereinstimmen.

Der Getriebeverzug beim Dynagraph, d. h. der Unterschied der Umfangsgeschwindigkeit zwischen Zulauf- und Abzugswalze, wurde in diesem Fall ebenfalls auf 2% eingestellt. Wenn die in der Prüfstrecke von 200 mm Länge ermittelten Dehnkräfte nicht die genau gleichen Werte erreichen, wie sie bei der Statimat-Prüfung gefunden wurden, dann wird dies darauf zurückgeführt, daß durch Quetscheffekte am Einlaufwalzenpaar Materialveränderungen hervorgerufen werden und daß sich durch die laufende Materialzuführung andere Verhältnisse ergeben als beim statischen Zugprüfgerät.

Die vorstehend behandelten Untersuchungen kamen zunächst jeweils an einem Spinncop zur Durchführung. Um festzustellen, ob es sich bei den Ergebnissen nicht um Zufallserscheinungen handelt, wurden in einer Versuchsreihe je 4 Cops der Flyer- und Finisseurgarnausspinnung nochmals geprüft. Diese Gespinste hatten einmal eine Drehung von α_m 85, ein anderes Mal eine solche von α_m 75. Bei einem vorher durchgeführten Umspulvorgang sind dabei von jedem Cop Fadenabschnitte mit einer Länge von 100 mm entnommen und diese hintereinander geknotet worden, so daß es anschließend möglich war, die Prüfung ohne Unterbrechung durchzuführen.

Die Ergebnisse der Dehnkraftprüfung mit einer Dehnungsstufe von 2% zeigt das in Abb. 13 oben dargestellte Diagramm. Aus den zusätzlich gemachten Angaben ist ersichtlich, welches Vorgarn zur Vorlage kam und welche Drehung das Gespinst erhalten hat. Wie zu erwarten, sind für Cops aus der jeweils gleichen Spinnpartie gewisse Unterschiede hinsichtlich der auftretenden Dehnkräfte zu verzeichnen. Diese bleiben jedoch gering gegenüber den Unterschieden, die dadurch gegeben sind, daß einmal Flyer-, ein anderes Mal Finisseurvorgarne zur Vorlage kamen.

Auch diese Diagramme zeigen deutlich Lagenspiele, wobei auch hier wieder zu gelten hat, daß sie für die Gespinste aus Flyervorgarn mit geringerer Anfangssteilheit der Kraft-Längenänderungs-Kurve etwas ausgeprägter zur Darstellung kommen.

Das überprüfte Material wurde mit relativ geringer Fadenzugkraft hinter der Dehnungsprüfmaschine auf eine Aluminiumhülse aufgewunden. Dadurch stand es für eine zusätzliche Autometerprüfung zur Verfügung, bei der nunmehr ein Getriebeverzug zwischen Zulauf- und Abzugswalze zur Anwendung kam, der über der Bruchdehnung liegt und demzufolge nach einem jeweils kurzen Anspannvorgang Fadenbruch bewirkte. Auch hierbei zeigt sich ganz deutlich, daß die aus Finisseurvorgarn hergestellten Gespinste eine größere mittlere Reißkraft aufweisen als diejenigen, zu deren Herstellung Flyervorgarne Verwendung fanden. Weiterhin lassen die Diagramme erkennen, daß gewisse Unterschiede hinsichtlich der Bruchdehnung vorliegen.

Nach diesen zweifellos nicht uninteressanten Feststellungen blieb die Frage zu beantworten, ob sich die gemachten Beobachtungen über das Kraft-Dehnungs-Verhalten in unteren Dehnbereichen verallgemeinern lassen und ob bzw. wieweit klare Zusammenhänge mit der Reißkraft und Reiß- bzw. Bruchdehnung bestehen. Diese Überlegung gab Veranlassung, auch die Gespinste aus der Versuchsserie 5.2.2.3 in gleicher Weise zu überprüfen. Hierbei kann gelten, daß die in den beiden Spinnereien eingesetzten Ringspinnmaschinen sich sowohl hinsichtlich der Streckwerkskonstruktion als auch der Spinnwerkzeuge voneinander unterscheiden. Das wird zu unterschiedlichen Zugbeanspruchungen in den Verzugszonen und gegebenenfalls auch zu abweichenden Fadenzugspannungen im Spinn- und Aufwindefeld führen, durch die sicher das Materialverhalten beeinflußt wird.

Die Ergebnisse einer solchen Prüfung zeigt Abb. 14. Daraus ist ersichtlich, daß trotz des auch hier wieder festgestellten Unterschieds der Reißkraft für die aus Flyer- und Finisseurvorgarn erzeugten Gespinste bemerkenswerte Veränderungen hinsichtlich der Steilheit der Kraft-Längenänderungs-Kurve in unteren Dehnbereichen nicht vorliegen. Wieder zu beachten sind jedoch Lagenspiele, durch die bewiesen wird, daß die Fadenabschnitte von der Kegelbasis und von der Kegelspitze ein voneinander abweichendes Verhalten aufweisen.

Bei den Mischgarnen 70 Wolle/30 Zellwolle traten die an den Wollgespinsten beobachteten Reißkraftunterschiede kaum in Erscheinung (vgl. Tab. 14). Es ergab sich die Frage, wie sich diese Mischgarne in unteren Dehnbereichen verhalten. Auch hierfür wurden deshalb Kraft-Längenänderungs-Kurven, für den unteren Dehnbereich geltende Diagramme und zugehörige Strichdiagramme aufgetragen (Abb. 15). Hieraus geht hervor, daß bei den Wolle/Zellwolle-Mischgespinsten der Einfluß des Vorgarnes bzw. dessen Herstellungsart auch hinsichtlich der Dehnbarkeit bei geringer Zugkraftbeanspruchung praktisch ohne Bedeutung bleibt.

6. Zusammenfassung

Dem vorliegenden Forschungsvorhaben war die Aufgabe gestellt, durch Untersuchungen im Labor und im praktischen Betrieb zu ermitteln, in welcher Weise sich die Vorgarndrehung bzw. die Höhe der Vorgarndrehung auf die Vorgänge im Streckfeld der Feinspinnmaschine (Ringspinnmaschine) auswirkt. Dabei sollten Feststellungen vor allem über die Garneigenschaften getroffen werden, wobei von der Überlegung ausgegangen wurde, daß sich der Vorgarncharakter und der Ablauf der Verzugsvorgänge in den einzelnen Verzugszonen im Streckwerk der Ringspinnmaschine auf die Gleichförmigkeit der Gespinste, die Reißkraft, die Reiß- bzw. Bruchdehnung und auch auf das Kraft-Dehnungs-Verhalten in unteren Dehnbereichen auswirken wird.
Etwas unterschiedliche Voraussetzungen sind hier für die Dreizylinderspinnerei und für die Kammgarnspinnerei gegeben.
In der Dreizylinderspinnerei, wo mit Stapellängen von 30 bis 60 mm gearbeitet wird, finden zur Verfestigung der Vorgarne durch Drahtgabe ganz allgemein Vorspinnmaschinen mit zwangsläufig angetriebenen Spulen und Flügeln (Flyer) Verwendung.
Auch in der Kammgarnspinnerei kommen Flyer zum Einsatz, vor allem dann, wenn synthetische Fasern rein oder in Mischung mit Wolle verarbeitet werden oder wenn es sich im Sinne der Kammgarnspinnerei um relativ kurzstapeliges Fasermaterial handelt.
Bevorzugt werden jedoch hier als letzte Passage vor der Feinspinnmaschine Nitschelstrecken eingesetzt. Deren Strecksysteme haben in letzter Zeit verschiedene Wandlungen erfahren. Charakteristisch für eine solche Nitschelstrecke ist das dem eigentlichen Strecksystem nachgeordnete Nitschelwerk. Dieses hat die Aufgabe, durch »Frottieren« zwischen zwei rasch hin und her bewegten, aus Leder oder Kunststoff bestehenden Nitschelhosen das aus dem Lieferwalzenpaar des Streckwerkes austretende Faserbändchen zu verfestigen, damit es einen genügenden Zusammenhalt erhält und ohne Fehlverzug und Bruch von der im Gatter der Spinnmaschine aufgehängten Vorgarnspule abgezogen werden kann.
Im Sinne des Vorhabens war für die Dreizylinderspinnerei festzustellen, ob und gegebenenfalls welche Vorteile durch eine erhöhte Vorgarndrehung zu erzielen sind. Dabei hat zu gelten, daß früher bekannte Schwierigkeiten, die auf Durchschlupferscheinungen des Vorgarnes – insbesondere am Einzugszylinderpaar – zurückzuführen sind, heute durch die Verwendung von kunststoffbezogenen Druckrollern, die mit relativ hohen Drücken anzupressen sind, weitgehend vermieden werden können. Die Drahtgabe ist also in dieser Hinsicht nicht mehr besonders kritisch. Andererseits bleibt zu beachten, daß die Produktion auf dem Flyer durch die maximal anwendbare Flügeldrehzahl bedingt ist. Die härtere Drehung vermittelt zwar einen kompakteren Spulenaufbau mit größerem Füllgewicht, vermindert andererseits aber auch den Materialdurchsatz.
Wirtschaftliche Überlegungen waren nicht Gegenstand der durchzuführenden Arbeiten. In technologischer Hinsicht ergab sich, daß bei modernen Hochleistungsstreckwerken mit Doppelriemchenführung der Fasern im Hauptverzugsfeld kaum unterschiedliche Garneigenschaften mit klaren Tendenzen zu verzeichnen sind. Der durch den Drall des Vorgarns bewirkte festere Zusammenhalt der Fasern, insbesondere in der Hauptverzugszone, ist offenbar ohne größere Bedeutung, wenn durch die Doppelriemchenführung auch bei einem schwach gedrehten Vorgarn ein übermäßiges Ausbreiten des Fasermaterials und ein breiter Durchlauf durch die Klemmstelle am Lieferwalzenpaar verhindert wird.
Wie die Tab. 1–4 erkennen lassen, wirkt sich bei den eingesetzten Spinnmaschinenstreckwerken eine Erhöhung der Vorgarndrehung über den Normalwert hinaus, aber jeden-

falls nicht nachteilig aus, führt vielmehr meist zu allerdings nur geringfügigen Verbesserungen der Gleichförmigkeit und der Reißkraft.

Es könnte angenommen werden, daß sich beim Wegfall der Faserführung in der Hauptverzugszone andere Voraussetzungen ergeben und sich hierbei ein durch die Vorgarndrehung vermittelter besserer Faserzusammenhalt in stärkerem Maße auf die Gespinsteigenschaften günstig bemerkbar macht. Das ist nach einschlägigen Versuchen (vgl. Tab. 5) jedoch nicht der Fall. Eine Erklärung hierfür ist vielleicht darin zu suchen, daß die vom Vorderzylinderpaar erfaßten Fasern gegenüber der Faserzuführung durch den Mittelzylinder eine wesentlich höhere Geschwindigkeit annehmen. Dadurch spreizt sich der angelieferte Faserbart und der gewünschte Zusammenhalt bis dicht an die Klemmstelle des Vorderzylinders geht verloren. Auffällig ist die gegenüber dem Arbeiten mit Faserführung in der Hauptverzugszone durch Riemchen stark nachteilig veränderte Gleichförmigkeit und der bemerkenswerte Rückgang von Reißkraft und Reißdehnung (vgl. die für gleiches Fasermaterial geltende Tab. 4). Bei kleineren Streckwerksverzügen, wie sie früher allgemein üblich waren, dürfte sich die verdichtende Wirkung der Vorgarndrehung und ihr Einfluß auf die Gespinsteigenschaften in einem stärkeren Maße aufzeigen.

Gewisse Überraschungen brachten die Ergebnisse von den in Kammgarnspinnereien durchgeführten Untersuchungen. Hier bestand die Möglichkeit, Finisseurvorgarn und Flyervorgarn aus Wolle mit verschiedener Drehung zu verspinnen. Dabei kamen für gleiche Vorgarnmaterialien Spinnmaschinen mit unterschiedlich konstruierten Streckwerken, aber jeweils gleicher Einstellung zum Einsatz. Versuche, die Streckwerksarbeit den Eigenschaften der Vorgarne anzupassen, wurden hierbei nicht angestellt.

In allen Fällen zeigten die aus den Finisseurvorgarnen hergestellten Gespinste eine nicht unwesentlich höhere Reißkraft. Das gilt auch für die Reißlänge, zu deren Berechnung die an den überprüften Fadenabschnitten ermittelte Garnnummer eingesetzt wurde. Höher ist für das Gespinst aus dem Finisseurvorgarn auch die Garndehnung, und zwar sowohl die Garnlängung bis zum Erreichen der Reißkraft (Höchstkraft), als auch die Bruchdehnung, die bei Prüfungen bis zum Eintritt des Fadenbruchs gefunden wird.

Die vom GGP Uster ausgewiesene Garngleichförmigkeit (LU %) liegt für die Gespinste aus Finisseurvorgarnen im allgemeinen etwas höher als für die aus den Flyervorgarnen hergestellten. Die Unterschiede sind jedoch gering und dürften bei der Weiterverarbeitung kaum irgendwie in Erscheinung treten. Bestätigt fand sich die anderwärts gemachte Beobachtung, wonach die Verwendung von Flyervorgarnen zu einer etwas größeren Gespinstrauhigkeit führt. Die Garneigenschaften wurden in dieser Hinsicht aber nicht besonders überprüft.

In die Untersuchungen wurden dagegen aus ungedrehten und gedrehten Vorgarnen hergestellte Wolle/Zellwolle-Mischgespinste einbezogen. Hier zeigt die Art der Vorgarnvorbereitung nur geringe Auswirkungen.

Zwar ist wieder eine – in diesem Falle aber nur kleine – Erhöhung der Reißkraftwerte zu Gunsten des Finisseurvorgarnes zu verzeichnen. Alle übrigen Meßwerte zeigen aber keine Unterschiede, die irgendwelche Tendenzen erkennen ließen. Offensichtlich bleiben also die bezüglich der Garnfestigkeit gemachten Beobachtungen auf Wolle beschränkt, wobei es nicht uninteressant wäre, festzustellen, wodurch sie bedingt sind.

Bei der Aufzeichnung von Kraft-Längenänderungs-Kurven ergab sich, daß die in verschiedenen Verfahren hergestellten Wollgespinste eine stark unterschiedliche Anfangssteilheit aufweisen. Das wurde bei weiteren einschlägigen Untersuchungen dadurch vergrößert aufgezeigt, daß die Prüfung nicht bis zum Erreichen der Reißkraft (Höchstkraft) bzw. Eintritt des Fadenbruchs fortgeführt, vielmehr bei einer vorgegebenen, relativ niedrig liegenden Dehnung unterbrochen wurde. Obwohl hierfür die Reiß- bzw.

Bruchdehnung gegenüber den Gespinsten aus Finisseurvorgarnen niedriger liegt, zeigen die Gespinste aus Flyervorgarnen die geringere Anfangssteilheit und damit bei einer gleich großen Zugbeanspruchung die größere Dehnung.

Welche weiteren Aussagen diese Feststellungen vermitteln und welche Bedeutung sie für die Weiterverarbeitung solcher Fadenmaterialien in Strickerei, Wirkerei und Weberei haben, konnte im Rahmen der vorliegenden Forschungsaufgabe zunächst nicht geklärt werden.

Zweifellos nehmen auf die Gespinsteigenschaften zusätzlich auch Vorgänge Einfluß, die nur indirekt mit der Faserschichtung im Vorgarn in Zusammenhang stehen. Hierbei ist einmal an die sich in den Verzugszonen des Spinnmaschinenstreckwerks ausbildenden Zugkräfte, außerdem aber auch an Beanspruchungen gedacht, die im Spinn- und Aufwindefeld unter der Auswirkung der sich hier ausbildenden Fadenzugkräfte auftreten. Der Vergleichsversuch mit dem Wolle/Zellwolle-Mischgarn läßt im übrigen vermuten, daß sich in starkem Maße die Eigenschaften des Ausgangsmaterials, d. h. der Fasern, auswirken.

Sicher haben die vorstehend behandelten Versuchsergebnisse Bedeutung für die Betriebspraxis. Es wäre deshalb von Interesse, die Spinnversuche fortzusetzen, wobei es vor allem wichtig erscheint festzustellen, wieweit sich die unterschiedlichen Gespinsteigenschaften, insbesondere das Kraft-Dehnungs-Vermögen, auf das Verhalten bei der Weiterverarbeitung in Spulerei, Zwirnerei, Weberei, Strickerei und Wirkerei bemerkbar machen, hier zu Fadenbrüchen und/oder zu einem unerwünschten Ausfall der Fertigerzeugnisse führen. Auch könnten gewünschte Aussagen durch Betriebsvergleiche gefunden werden. Zu den in der Kammgarnspinnerei gemachten Beobachtungen wäre dabei festzustellen, unter welchen Voraussetzungen dem offenen oder dem gedrehten Vorgarn der Vorzug gegeben wird und wieweit das Vorgarnverhalten bei der Wahl der Streckwerkskonstruktion und der Streckwerkseinstellung Berücksichtigung findet. Dabei hat zu gelten, daß sich durch Verwendung von kunststoffbezogenen Druckrollern, die mit relativ hohen Drücken angepreßt werden können, früher bekannte, aus Durchschlupferscheinungen vorwiegend am Einzugszylinder resultierende Schwierigkeiten weitgehend vermindern lassen.

7. Danksagung

Die Arbeiten wurden durch eine finanzielle Unterstützung, die das Land Nordrhein-Westfalen gewährte, ermöglicht. Sie fanden Förderung durch verschiedene Industriebetriebe. Diese stellten Vorgarne und unter verschiedenen Voraussetzungen daraus hergestellte Gespinste zur Verfügung. Außerdem gaben sie die Möglichkeit, Beobachtungen im praktischen Betrieb durchzuführen und Rat und Mithilfe ihrer Fachleute in Anspruch zu nehmen. Hierfür ist an dieser Stelle der Dank des Instituts auszusprechen.

Die für den Einsatz des dem Institut zur Verfügung stehenden Spinntesters benötigten Zusatzeinrichtungen wurden von Herrn Dipl.-Ing. O. BECKER entworfen. Für die Untersuchungen an den Baumwoll- und Zellwollgespinsten war Herr Text.-Ing. (grad.) A. ERKENS zuständig. Bei den Spinnversuchen im Labor, bei der Überprüfung der Gespinste und bei der Zusammenstellung der Meßergebnisse haben außerdem mitgewirkt die Textillaborantinnen E. FEIKE, U. HOMUTH, H. SCHNITZLER und K. ZIMMERMANNS.

8. Literaturverzeichnis

[1] STEIN, H., Vergleich des Bandspinnens von Baumwolle und Chemiefasern (ohne Flyerpassage) mit dem klassischen Baumwollspinnverfahren. Forschungsbericht des Landes Nordrhein-Westfalen Nr. 1166, Westdeutscher Verlag Köln und Opladen, mit ausführlichen Literaturhinweisen.

[2] STEIN, H., Untersuchung der Verzugsvorgänge an den Streckwerken verschiedener Spinnereimaschinen. 2. Bericht: Ermittlung der Haft-Gleit-Eigenschaften von Faserbändern und Vorgarnen. Forschungsbericht des Landes Nordrhein-Westfalen Nr. 97, Westdeutscher Verlag Köln und Opladen (vgl. auch Textil Praxis 10 [1955], S. 527).

[3] STEIN, H., und A. ERKENS, Untersuchungen über die Drehbewegung von Druckrollern bei Walzenstreckwerken in der Baumwoll- bzw. Zellwollspinnerei. Forschungsbericht des Landes Nordrhein-Westfalen Nr. 2141, Westdeutscher Verlag Köln und Opladen, mit ausführlichen Literaturhinweisen.

[4] LÜNENSCHLOSS, J., und J. G. HELLI, Einfluß der Zylinderbelastung an der Ringspinnmaschine bei unterschiedlicher Härte des Zylinderbezuges, variierter Vorgarndrehung, Vorgarndoublierung und Verzugshöhe auf den Ausfall der Garne aus verschiedenen Faserstoffen. Textil Praxis 19 (1964), S. 903, 1002.

[5] WEGENER, W., Einfluß der höheren Vorgarndrehung geflyerter Lunten auf die Ungleichmäßigkeit und die dynamometrischen Eigenschaften des fertigen Garnes. Forschungsbericht des Landes Nordrhein-Westfalen Nr. 896, Westdeutscher Verlag Köln und Opladen.

[6] STEIN, H., Einsatz der Hochfrequenz-Kinematographie zur Erforschung des Spinnvorganges. Melliand Textilberichte 46 (1965), S. 783, mit Literaturhinweisen.

[7] HORVÁTH, J., und F. TOBISCH, Drahtverhältnisse am Flyervorgarn der Kammgarnspinnerei. Melliand Textilberichte 47 (1966), S. 125, mit Literaturhinweisen.

[8] WEGENER, W., und H. PEUKER, Vergleich kontinentaler und englischer Kammgarn-Spinnsysteme. Zeitschr. ges. Textilind. 69 (1967), S. 923, 70 (1968), S. 11, 85, 137, 218.

[9] FRENZEL, W., Flyerloses Spinnen. Faserforschung und Textiltechnik 8 (1957), S. 1.
FRENZEL, W., Die Herstellung feiner Garne – vergleichende Spinnversuche mit dem Dekordisator und dem Flyerspinnverfahren. Textil Praxis 16 (1961), S. 1087.

[10] STEIN, H., und S. HOBE, Meßtechnische Untersuchungen über die Eignung eines neuen Schnellverfahrens zur Ermittlung der Reißkraft von fortlaufend bewegten Fäden bzw. Gespinsten und Zwirnen. Forschungsbericht des Landes Nordrhein-Westfalen Nr. 1723, Westdeutscher Verlag Köln und Opladen, mit Literaturhinweisen.

Anhang

a) Tabellen

Tab. 1 Spinnversuche im Labor

	Baumwolle Vorgarn, Nm 1,27 (790 tex)		Zellwolle Vorgarn, Nm 1,27 (790 tex)	
	Drehung, α_m 16,0 = 18,3 T/m	Drehung, α_m 32,0 = 36,5 T/m	Drehung, α_m 16,0 = 18,3 T/m	Drehung, α_m 32,0 = 36,5 T/m
Sortierung				
Nm	33,8	33,1	33,7	31,3
tex	(29,6)	(30,2)	(29,7)	(31,9)
Gleichförmigkeit				
LU [%]	14,9	13,8	15,0	14,1
Reißkraft				
$\bar{x}$ [p]	327,2	331,9	298,7	332,0
s [p]	38,2	36,0	46,6	43,1
V [%]	11,7	10,8	15,6	13,0
Rkm	11,1	10,9	10,3	10,4
q	±0,148	±0,135	±0,178	±0,153
Reißdehnung				
$\bar{x}$ [%]	6,3	6,2	9,0	9,1
q	±0,07	±0,06	±0,20	±0,17
s [%]	0,6	0,6	1,8	1,6
V [%]	9,3	8,8	19,6	17,0

Prüfgeräte: GGP-Uster, Pendelarmdynamometer
N: 300 (Reißkraftprüfung)
S: 95%

Tab. 2 Spinnversuche im Betrieb

	Baumwolle Vorgarn, Nm 1,6 (625 tex)			Zellwolle Vorgarn, Nm 1,6 (625 tex)		
	Drehung, α_m 0 = 0 T/m	Drehung, α_m 16,6 = 20 T/m	Drehung, α_m 43,7 = 55 T/m	Drehung, α_m 0 = 0 T/m	Drehung, α_m 16,6 = 20 T/m	Drehung, α_m 43,7 = 55 T/m
Sortierung						
Nm	37,9	40,9	37,0	36,0	34,0	33,0
tex	(26,4)	(25,6)	(27,0)	(27,8)	(29,2)	(30,3)
Gleichförmigkeit						
LU [%]	15,9	15,0	14,8	11,0	10,4	10,3
Reißkraft						
$\bar{x}$ [p]	317,4	344,7	364,7	348,0	347,8	390,2
s [p]	42,5	38,6	37,8	33,7	31,0	32,7
V [%]	13,4	11,2	10,9	9,7	8,9	8,4
Rkm	12,0	13,4	12,8	12,5	11,9	12,9
q	±0,157	±0,147	±0,137	±0,119	±0,104	±0,106
Reißdehnung						
$\bar{x}$ [%]	7,4	7,8	7,7	11,7	12,6	11,9
q	±0,05	±0,05	±0,04	±0,10	±0,10	±0,09
s [%]	0,5	0,5	0,5	1,0	1,0	0,9
V [%]	7,0	6,2	5,8	8,4	8,0	7,6

Prüfgeräte: GGP-Uster, Pendelarmdynamometer
N: 400 (Reißkraftprüfung)
S: 95%

Tab. 3 Spinnversuche mit der Nachdrehvorrichtung – Material Baumwolle

		DREHUNGSÄNDERUNGEN			
	−20%	α_m 20,6 = 28,4 T/m	+20%	+40%	+60%
Sortierung					
Nm	37,0	34,2	35,5	34,1	33,9
tex	(27,0)	(29,2)	(28,2)	(29,3)	(29,5)
Gleichförmigkeit					
LU [%]	11,9	11,8	12,8	12,6	11,9
Reißkraft					
$\bar{x}$ [p]	464,1	496,3	507,5	548,8	532,7
s [p]	44,0	47,9	46,2	92,7	79,0
V [%]	9,4	9,5	8,8	16,9	14,7
Rkm	17,2	17,0	18,0	18,7	18,1
q	±0,323	±0,325	±0,324	±0,627	±0,531
Reißdehnung					
$\bar{x}$ [%]	5,6	6,2	6,2	6,3	6,0
q	±0,06	±0,06	±0,06	±0,09	±0,10
s [%]	0,3	0,3	0,3	0,4	0,5
V [%]	5,5	4,7	5,1	6,9	8,1

Prüfgeräte: GGP-Uster, Statimat
Vorgarn: Nm 1,9 (525 tex), α_m 20,6 = 28,4 T/m
Garn: Nm 34,0 (30 tex), α_m 94,0 = 550,0 T/m
N: 100
S: 95%

Tab. 4 Spinnversuche mit der Nachdrehvorrichtung – Material Zellwolle

	\-\-\-\-\-\-\-\-\-\-\-\-\-\-\-\-\-\- DREHUNGSÄNDERUNGEN \-\-\-\-\-\-\-\-\-\-\-\-\-\-\-\-\-\-						
	− 60%	− 40%	− 20%	α_m 18,6 = 26,3 T/m	+ 20%	+ 40%	+ 60%
Sortierung							
Nm	32,7	31,6	31,2	29,9	29,9	30,1	30,2
tex	(30,6)	(31,6)	(32,1)	(33,5)	(33,4)	(33,2)	(33,1)
Gleich-förmigkeit							
LU [%]	10,1	10,8	11,0	10,6	10,9	9,9	9,8
Reißkraft							
$\bar{x}$ [p]	390,6	412,7	407,7	411,3	407,7	422,6	421,2
s [p]	41,0	36,0	34,9	48,6	34,0	34,2	43,0
V [%]	10,3	8,6	8,4	11,7	8,3	8,0	10,1
Rkm	12,9	13,2	12,9	12,4	12,3	12,9	12,8
q	±0,265	±0,226	±0,215	±0,287	±0,202	±0,204	±0,258
Reißdehnung							
$\bar{x}$ [%]	12,0	12,3	12,3	12,3	12,2	12,2	12,3
q	±0,210	±0,228	±0,193	±0,218	±0,234	±0,204	±0,186
s [%]	1,1	1,2	1,0	1,1	1,2	1,0	0,9
V [%]	8,7	9,2	7,8	8,8	9,4	8,3	7,6

Prüfgeräte: GGP-Uster, Statimat
Vorgarn: Nm 2,0 (500 tex), α_m 18,6 = 26,3 T/m
Garn: Nm 34,0 (30 tex), α_m 86,0 = 500,0 T/m
N: 100
S: 95%

Tab. 5 Spinnversuche mit der Nachdrehvorrichtung –
Material Zellwolle, ohne Doppelriemchenführung

	DREHUNGSÄNDERUNGEN			
	− 60%	α_m 18,6 = 26,3 T/m	+ 60%	+ 120%
Sortierung				
Nm	33,7	32,5	33,5	30,4
tex	(29,7)	(30,8)	(30,9)	(32,9)
Gleichförmigkeit				
LU [%]	16,5	16,3	16,2	16,1
Reißkraft				
$\bar{x}$ [p]	304,5	303,5	322,5	351,0
s [p]	43,8	38,1	46,9	44,2
V [%]	14,2	12,5	14,3	12,5
Rkm	10,3	9,9	10,4	10,7
q	±0,293	±0,246	±0,301	±0,267
Reißdehnung				
$\bar{x}$ [%]	11,0	10,7	11,1	11,0
q	±0,357	±0,329	±0,250	±0,311
s [%]	1,8	1,7	1,3	1,6
V [%]	16,0	15,2	11,1	13,9

Prüfgeräte: GGP-Uster, Statimat
Vorgarn: Nm 2,0 (500 tex), α_m 18,6 = 26,3 T/m
Garn: Nm 34,0 (30 tex), α_m 86,0 = 500,0 T/m
N: 100
S: 95%

Tab. 6 Material- und Spinndaten für die Versuche in Spinnerei A

	Versuch zu Abschnitt 5.2.2.1	Versuch zu Abschnitt 5.2.2.2	
Fasermaterial	Wolle	Wolle	
Feinheit	22,0 μ	21,6 μ	
Mittelstapel*	63,8 mm	65,6 mm	
V des Mittelst.	52,0%	56,0%	
	Vorspinnmaschine		
Vorgarn			
Nm Finisseur	2,4	2,0	
Nm Flyer	2,4	2,0	
α_m Flyer	16	16; 18; 20	
	Ringspinnmaschine		
Streckwerk	PK 616	PK 616	Perfekt
Garnnummer Nm	36	36	36
α_m	75 bzw. 85	75	75
Gesamtverzug	15	18	18
Vorverzug	1,13	1,13	1,06
Eindrehtiefe der Kanalwalze	1,0 mm	1,0 mm	–
Spindeltouren	8000	8000	7000
Ringdurchmesser	57 mm	57 mm	65 mm
Ringform	konisch	konisch	konisch
Läufer	ohrförmig	ohrförmig	ohrförmig
Läufernummer	Nr. 25	Nr. 25	Nr. 25

* = Almeter-Faserzahlstapel

Tab. 7 Gleichförmigkeitsprüfungen und Zugversuche an Wollgespinsten Nm 36, hergestellt aus Finisseur- und Flyervorgarnen

	$\alpha_m\,75 = 450$ T/m		$\alpha_m\,85 = 510$ T/m	
	Finisseur	Flyer	Finisseur	Flyer
Gleichförmigkeit				
LU [%]	15,4	14,7	14,5	14,8
Reißkraft				
$\bar{x}$ [p]	137,4	112,4	145,1	123,2
s [p]	18,7	15,9	19,7	16,8
V [%]	13,6	14,0	13,4	13,6
Nm	35,8	37,2	36,4	36,9
Rkm	4,9	4,2	5,3	4,6
q	±0,07	±0,06	±0,07	±0,06
Reißdehnung				
$\bar{x}$ [%]	12,3	9,1	14,1	10,9
q	±0,42	±0,29	±0,53	±0,35
s [%]	4,3	2,9	5,4	3,6
V [%]	34,7	32,0	38,3	33,0

Prüfgeräte: GGP-Uster, Statimat   Streckwerk: SKF-Streckwerk PK 616
N: 20/Cop
    400/Versuch
S: 95%

Tab. 8   Gleichförmigkeitsprüfungen und Zugversuche an Wollgespinsten Nm 36, hergestellt aus Finisseur- und Flyervorgarnen

	Finisseur	Flyer α_m 16 = 22,6 T/m	Flyer α_m 18 = 25,4 T/m	Flyer α_m 20 = 28,3 T/m
Gleichförmigkeit				
LU [%]	14,3	13,4	13,9	13,5
Reißkraft				
$\bar{x}$ [p]	136,0	119,2	118,0	121,6
s [p]	17,3	17,0	17,6	17,0
V [%]	12,7	14,3	14,9	14,0
Nm	39,5	38,4	37,7	37,0
Rkm	5,3	4,5	4,5	4,6
q	±0,04	±0,04	±0,04	±0,04
Bruchdehnung				
$\bar{x}$ [%]	12,0	9,3	9,4	9,7
q	±0,27	±0,22	±0,20	±0,20
s [%]	4,3	3,5	3,2	3,3
V [%]	36,2	37,2	34,3	34,0

Prüfgeräte: GGP-Uster, Statimat   Streckwerk: SKF-Streckwerk PK 616
N: 100/Cop
     1000/Versuch
S: 95%

Tab. 9 Gleichförmigkeitsprüfungen und Zugversuche an Wollgespinsten Nm 36, hergestellt aus Finisseur- und Flyervorgarnen

	Finisseur	Flyer α_m 16 = 22,6 T/m	Flyer α_m 18 = 25,4 T/m	Flyer α_m 20 = 28,3 T/m
Gleichförmigkeit				
LU [%]	15,2	12,8	14,7	13,7
Reißkraft				
$\bar{x}$ [p]	144,4	124,0	126,8	132,4
s [p]	9,7	8,7	7,9	9,8
V [%]	13,4	14,0	12,5	14,8
Nm	38,3	37,0	36,3	35,3
Rkm	5,5	4,5	4,5	4,6
q	±0,05	±0,04	±0,04	±0,04
Bruchdehnung				
$\bar{x}$ [%]	11,6	9,8	9,4	10,0
q	±0,30	±0,20	±0,18	±0,20
s [%]	4,9	3,3	2,9	3,3
V [%]	41,8	33,3	31,4	32,4

Prüfgeräte: GGP-Uster, Statimat Streckwerk: Perfekt-Streckwerk
N: 100/Cop
   1000/Versuch
S: 95%

Tab. 10 Gleichförmigkeits- und Reißkraftprüfungen am laufenden Faden an Wollgespinsten Nm 36, hergestellt aus Finisseur- und Flyervorgarnen

	Finisseur	Flyer α_m 16 = 22,6 T/m	Flyer α_m 18 = 25,4 T/m	Flyer α_m 20 = 28,3 T/m
Gleichförmigkeit				
LU [%]	14,3	13,4	13,9	13,5
Reißkraft				
$\bar{x}$ [p]	157,6	144,6	144,3	147,2
s [p]	22,1	21,1	22,1	20,8
V [%]	14,0	14,6	15,3	14,1
Nm	40,0	39,3	38,3	38,1
Rkm	6,3	5,7	5,5	5,6
q	±0,06	±0,05	±0,05	±0,05
Reißdehnung				
$\bar{x}$ [%]	14,2	12,7	13,1	12,9
q	±0,29	±0,24	±0,23	±0,26
s [%]	4,7	3,9	3,8	4,2
V [%]	30,3	28,3	26,6	29,4

Prüfgeräte: GGP-Uster, Autometer Streckwerk: SKF-Streckwerk PK 616
Getriebeverzug: 40%
N: 100/Cop
　　1000/Versuch
S: 　95%

Tab. 11 Gleichförmigkeits- und Reißkraftprüfungen am laufenden Faden an Wollgespinsten Nm 36, hergestellt aus Finisseur- und Flyervorgarnen

	Finisseur	Flyer α_m 16 = 22,6 T/m	Flyer α_m 18 = 25,4 T/m	Flyer α_m 20 = 28,3 T/m
Gleichförmigkeit				
LU [%]	15,2	12,8	14,7	13,7
Reißkraft				
$\bar{x}$ [p]	162,4	140,6	144,9	150,1
s [p]	23,2	21,3	24,0	23,2
V [%]	14,3	15,1	16,6	15,5
Nm	39,6	39,1	37,4	37,1
Rkm	6,4	5,5	5,4	5,6
q	±0,06	±0,05	±0,06	±0,05
Reißdehnung				
$\bar{x}$ [%]	15,2	13,1	13,3	13,7
q	±0,34	±0,28	±0,28	±0,30
s [%]	5,5	4,5	4,5	4,9
V [%]	32,5	31,6	30,8	32,5

Prüfgeräte: GGP-Uster, Autometer   Streckwerk: Perfekt-Streckwerk
Getriebeverzug: 40%
N: 100/Cop
    1000/Versuch
S: 95%

Tab. 12 Material- und Spinndaten für die Versuche in Spinnerei B

	Versuch zu Abschnitt 5.2.2.3		Versuch zu Abschnitt 5.2.2.4	
Fasermaterial	Wolle		Wolle und Zellwolle	
Feinheit	26,2 µ		22,6 µ	3,75 den
Mittelstapel*	59,3 mm		51,3 mm	74,5 mm
V des Mittelst.	56,0%		52,0%	50,0%
Vorspinnmaschine				
Vorgarn				
Nm Finisseur	1,5; 1,7		1,28	
Nm Flyer	1,28; 1,55; 1,7		1,28	
α_m Flyer	15,5; 18,5		15,5	
Ringspinnmaschine				
Streckwerk	PK 628	Sonderbauart	PK 628	Sonderbauart
Garnnummer Nm	33	33	28	28
α_m	85	85	85	85
Gesamtverzug	25,8; 21,2	19,4	21,9	21,9
Vorverzug	1,2	1,18	1,2	1,18
Eindrehtiefe				
Kanalwalze	0,5 mm		0,5 bzw. 1,0 mm	–
Spindeltouren	7500	7200	7500	7200
Ringdurchmesser	56 mm	55 mm	56 mm	55 mm
Ringform	konisch	konisch	konisch	konisch
Läufer	ohrförmig	ohrförmig	ohrförmig	ohrförmig
Läufernummer	Nr. 25	Nr. 25	Nr. 25	Nr. 25

* = Almeter-Faserzahlstapel

Tab. 13 *Gleichförmigkeits- und Reißkraftprüfungen am laufenden Faden an Wollgespinsten Nm 33, hergestellt aus Finisseur- und Flyervorgarnen*

	Vorgarn Nm	α_m	LU [%]	Reißkraft $\bar{x}$ [p]	s [p]	V [%]	Nm	Rkm	Reißdehnung $\bar{x}$ [%]	s [%]	V [%]
Finisseur	1,50	—	15,9	192,2	35,6	18,5	34,3	6,6 ± 0,06	13,8 ± 0,27	5,4	38,8
Ringspinn-maschinen-streckwerk in Sonderbauart	1,70	—	15,6	200,0	35,8	17,5	33,9	6,8 ± 0,06	14,1 ± 0,29	5,7	40,4
Flyer	1,28	15,5	16,1	176,2	32,2	18,3	34,6	6,1 ± 0,06	13,4 ± 0,26	5,1	38,1
	1,28	18,5	15,8	179,8	31,0	17,2	34,0	6,1 ± 0,05	12,8 ± 0,25	5,1	39,5
Ringspinn-maschinen-streckwerk	1,55	15,5	15,4	186,2	32,6	17,5	33,5	6,2 ± 0,06	13,9 ± 0,28	3,8	40,4
	1,55	18,5	15,8	180,4	32,4	18,0	33,5	6,0 ± 0,06	12,9 ± 0,26	5,1	39,4
	1,70	15,5	15,8	173,8	30,0	17,3	35,2	6,1 ± 0,05	12,9 ± 0,27	5,3	40,9
PK 628	1,70	18,5	15,7	182,4	34,8	19,0	33,4	6,1 ± 0,06	12,5 ± 0,23	4,5	36,0
Flyer	1,28	15,5	15,5	177,8	32,0	18,0	33,5	5,9 ± 0,06	12,1 ± 0,26	5,2	43,0
	1,28	18,5	16,3	169,2	30,2	17,9	33,7	5,7 ± 0,05	12,4 ± 0,22	4,4	35,5
Ringspinn-maschinen-streckwerk in Sonderbauart	1,55	15,5	15,8	170,4	28,2	16,4	34,3	5,8 ± 0,05	13,3 ± 0,27	5,3	39,9
	1,55	18,5	15,6	179,0	30,0	16,8	32,7	5,8 ± 0,05	12,8 ± 0,25	4,9	37,9
	1,70	15,5	15,7	170,4	29,6	17,4	33,7	5,7 ± 0,05	13,1 ± 0,27	5,3	40,5
	1,70	18,5	15,6	178,4	33,2	18,6	34,4	6,1 ± 0,06	13,4 ± 0,27	5,3	39,2

Prüfgeräte: GGP-Uster, Autometer
Getriebeverzug: 40%

N: 50/Cop
1500/Versuch
S: 95%

Tab. 14 Gleichförmigkeits- und Reißkraftprüfungen am laufenden Faden an Mischgespinsten 70 Wolle/30 Zellwolle Nm 28, hergestellt aus Finisseur- und Flyervorgarnen

	Finisseur Ringspinn- maschinen- streckwerk Sonderbauart	Flyer Sonderbauart	Flyer Ringspinn- maschinen- streckwerk PK 628 Kanalwalze 0,5 mm	Flyer PK 628 Kanalwalze 1,0 mm
Gleichförmigkeit				
LU [%]	16,6	15,8	17,3	17,1
Reißkraft				
$\bar{x}$ [p]	250,2	242,4	238,1	241,8
s [p]	31,2	30,6	30,2	31,8
V [%]	12,5	12,6	12,7	13,2
Nm	28,8	28,9	29,5	29,4
Rkm	7,2	7,0	7,0	7,1
q	±0,06	±0,05	±0,06	±0,06
Reißdehnung				
$\bar{x}$ [%]	5,6	5,5	5,2	5,2
q	±0,06	±0,07	±0,07	±0,08
s [%]	1,0	1,1	1,1	1,3
V [%]	16,7	18,3	18,7	22,3

Prüfgeräte: GGP-Uster, Autometer
Getriebeverzug: 15%
N: 200/Cop
   1000/Versuch
S: 95%

b) Abbildungen

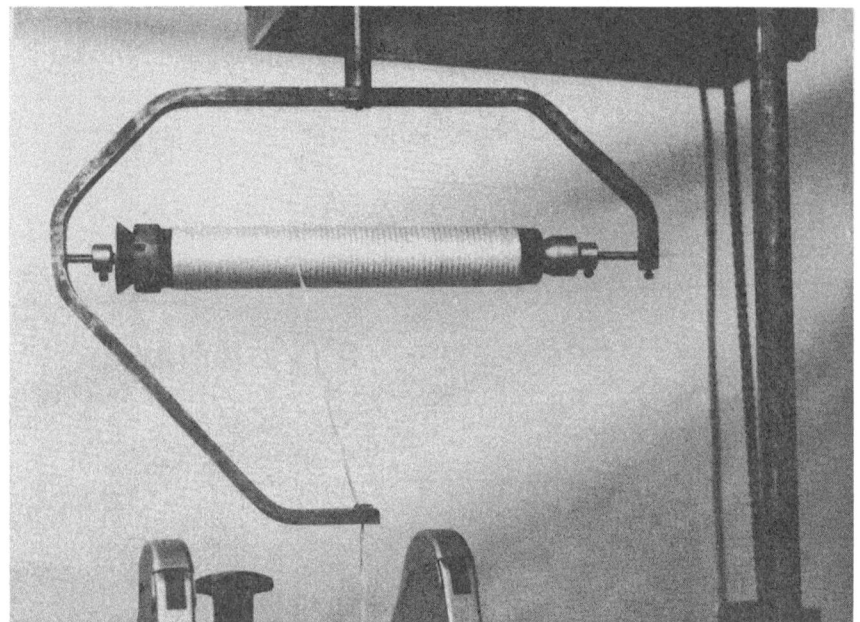

Abb. 1 Nachdrehvorrichtung für Vorgarne

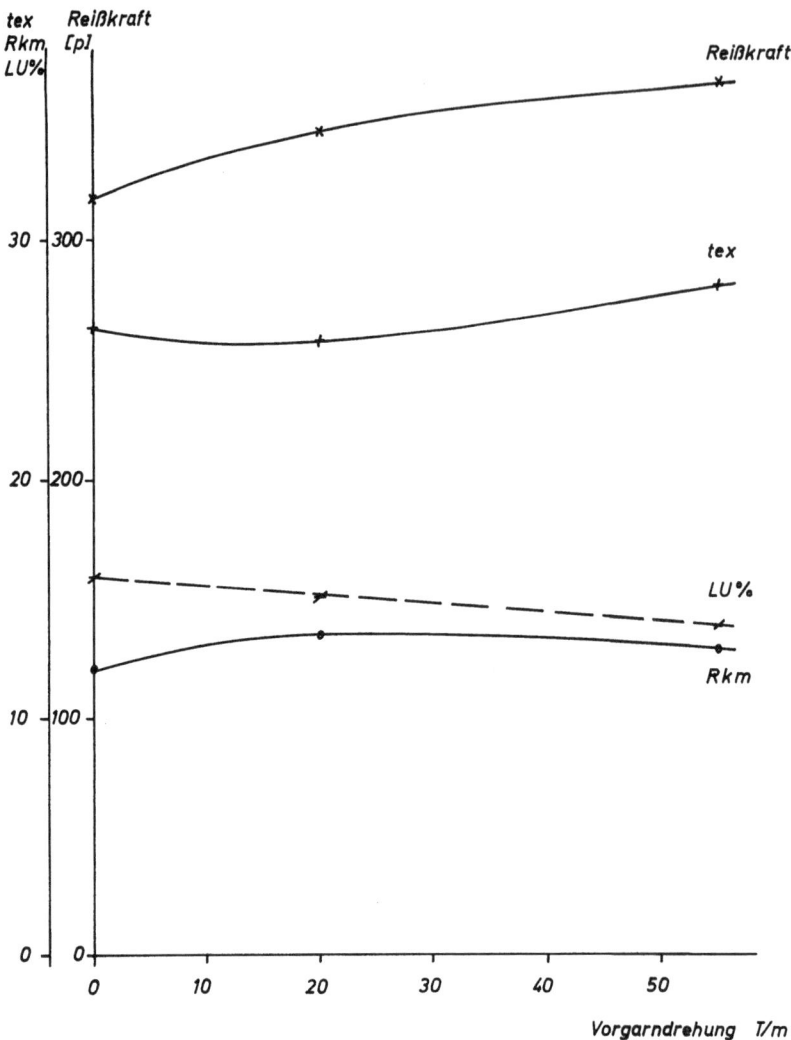

Abb. 2 Kennlinien eines Baumwollgespinstes abhängig von der Vorgarndrehung nach Tab. 2

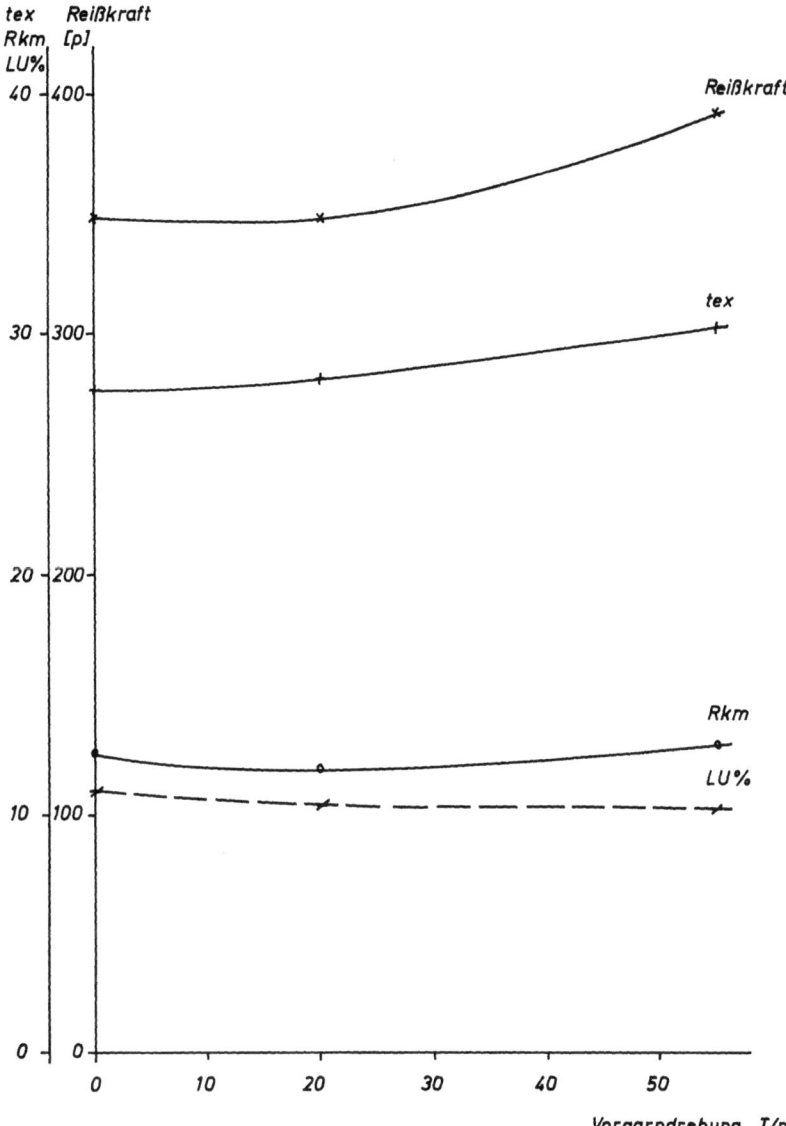

Abb. 3 Kennlinien eines Zellwollgespinstes abhängig von der Vorgarndrehung nach Tab. 2

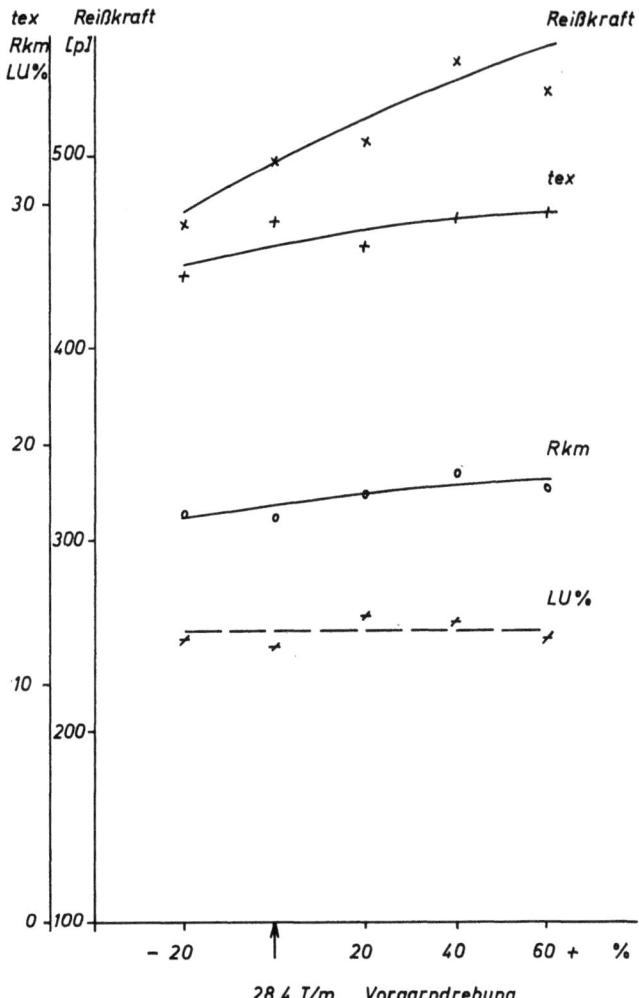

Abb. 4 Kennlinien eines Baumwollgespinstes nach Tab. 3
Laborversuch mit Nachdrehvorrichtung für das Vorgarn

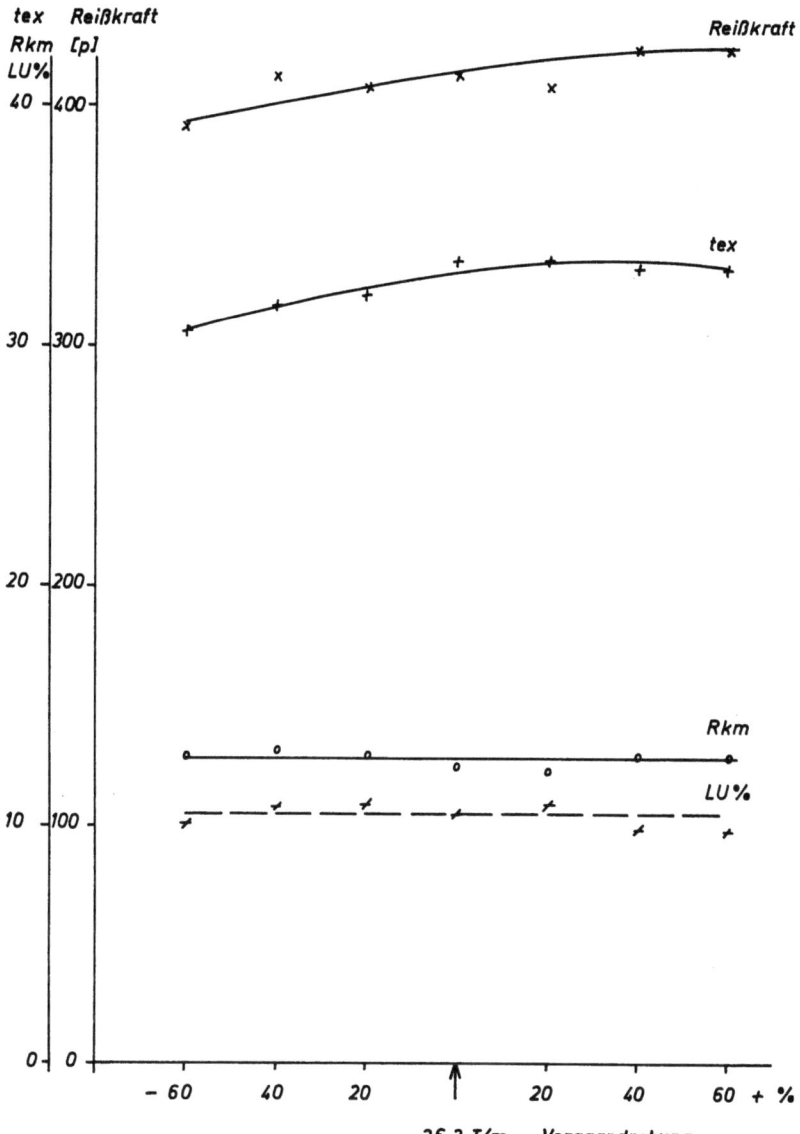

Abb. 5 Kennlinien eines Zellwollgespinstes nach Tab. 4
        Laborversuch mit Nachdrehvorrichtung für das Vorgarn

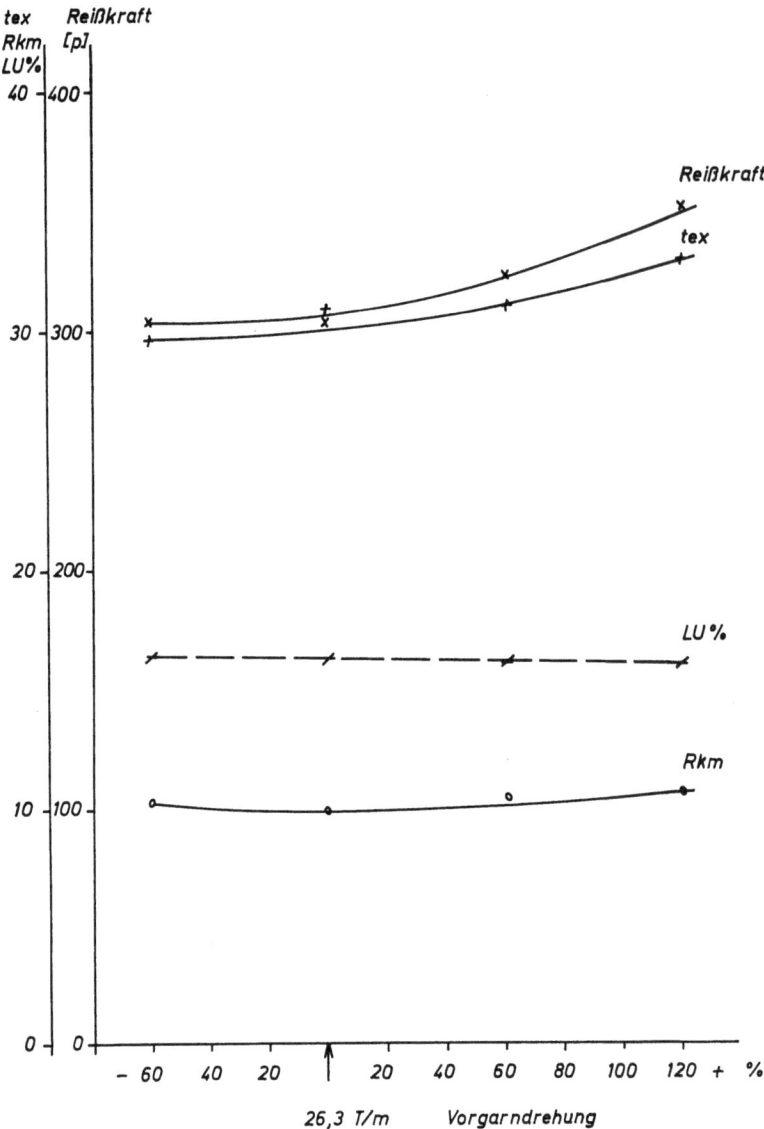

Abb. 6 Kennlinien eines Zellwollgespinstes nach Tab. 5
Laborversuch mit Nachdrehvorrichtung für das Vorgarn ohne Riemchenführung im Hauptverzugsfeld

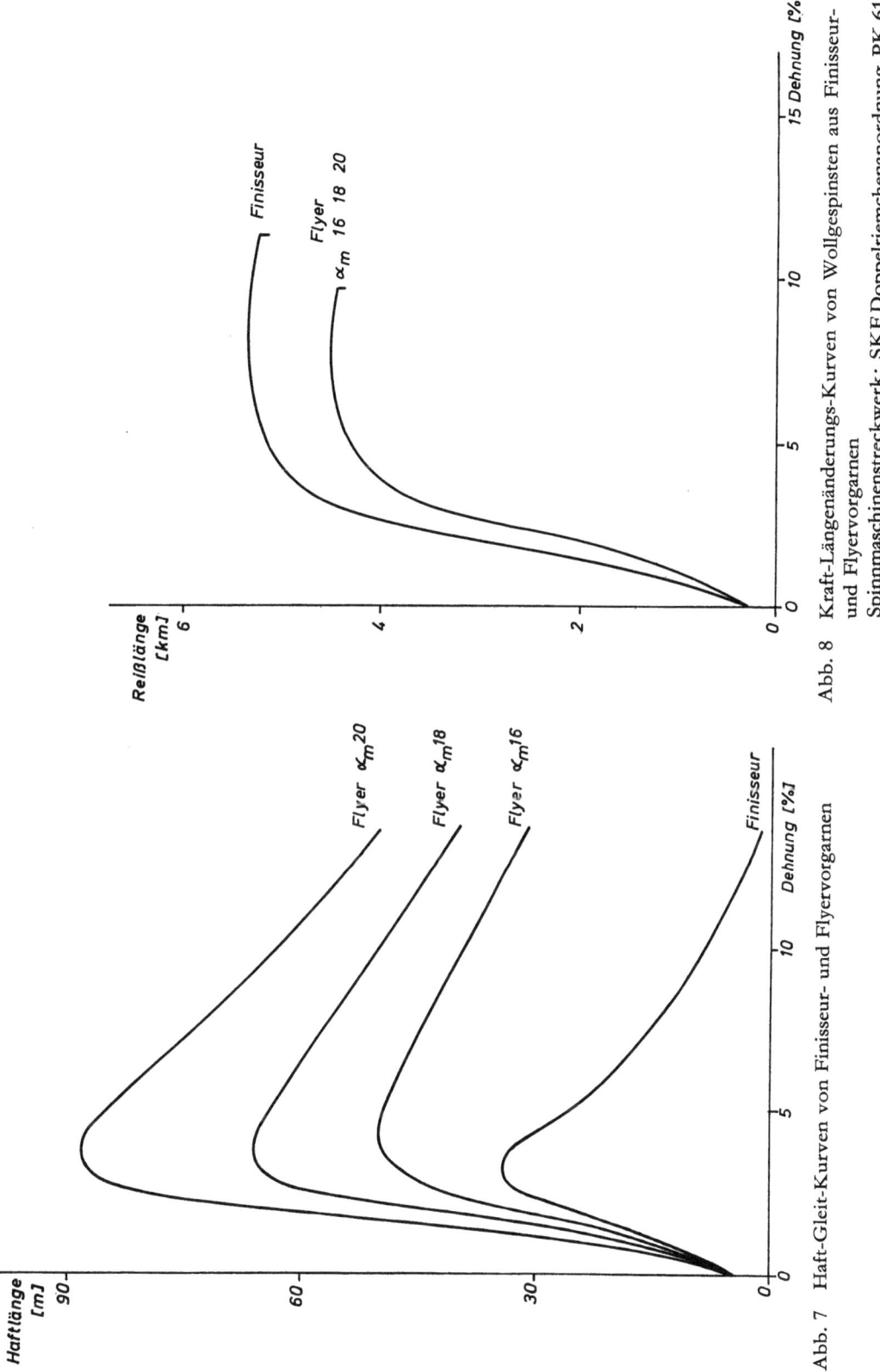

Abb. 8 Kraft-Längenänderungs-Kurven von Wollgespinsten aus Finisseur- und Flyervorgarnen
Spinnmaschinenstreckwerk: SKF Doppelriemchenanordnung PK 616

Abb. 7 Haft-Gleit-Kurven von Finisseur- und Flyervorgarnen

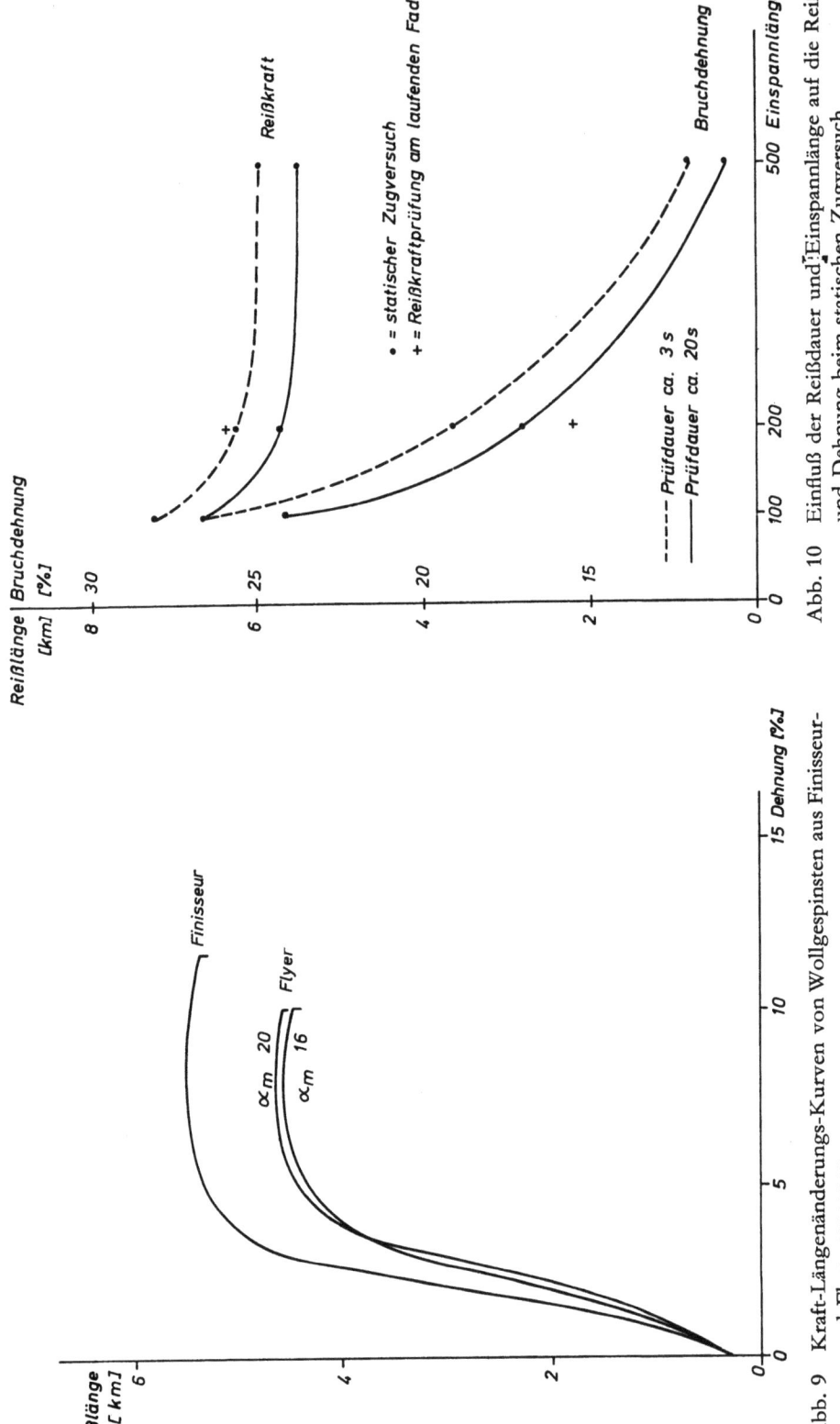

Abb. 10 Einfluß der Reißdauer und Einspannlänge auf die Reißlänge und Dehnung beim statischen Zugversuch

Abb. 9 Kraft-Längenänderungs-Kurven von Wollgespinsten aus Finisseur- und Flyervorgarnen
Spinnmaschinenstreckwerk: Perfekt Unterriemchen mit Flotteuren

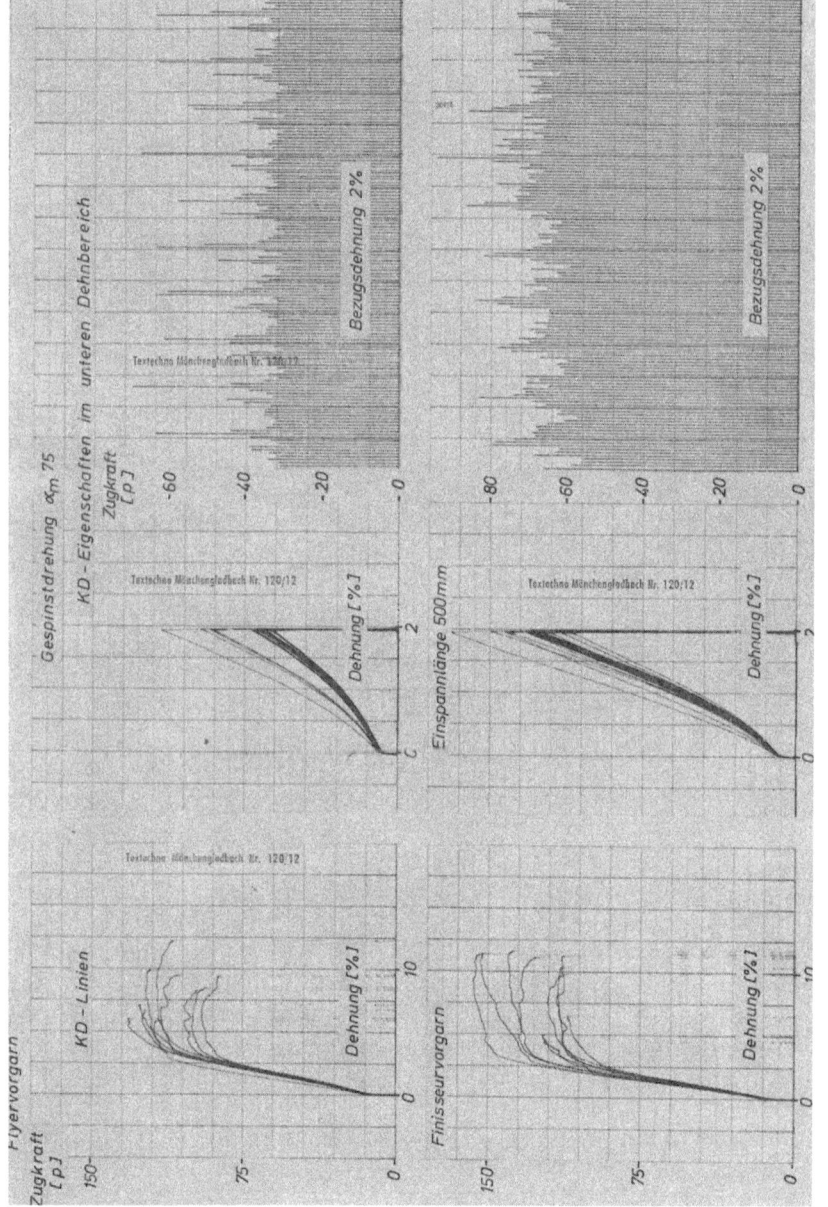

Abb. 11 Kraft-Dehnungs-Eigenschaften von Wollgespinsten Nm 36

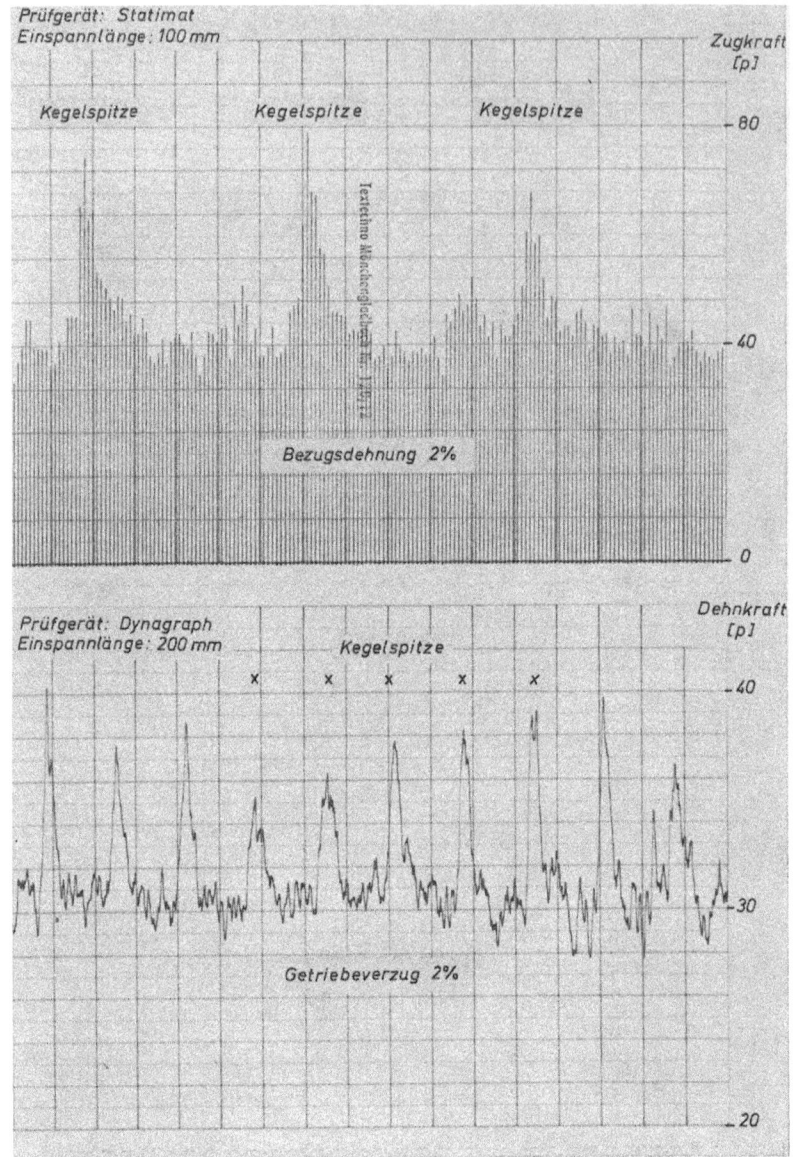

Abb. 12 Dehnkraftverhalten abhängig von der Hubverlegung

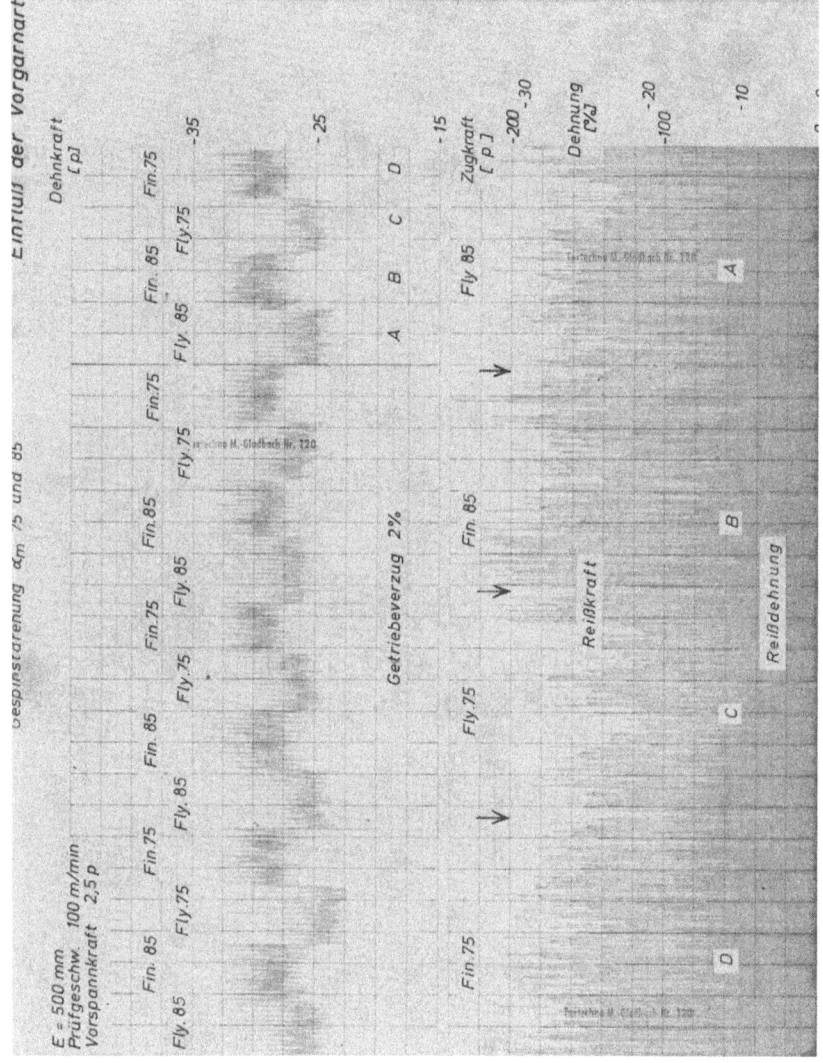

Abb. 13   Dehnkraft- und Zugprüfungs-Diagramme von Wollgespinsten Nm 36

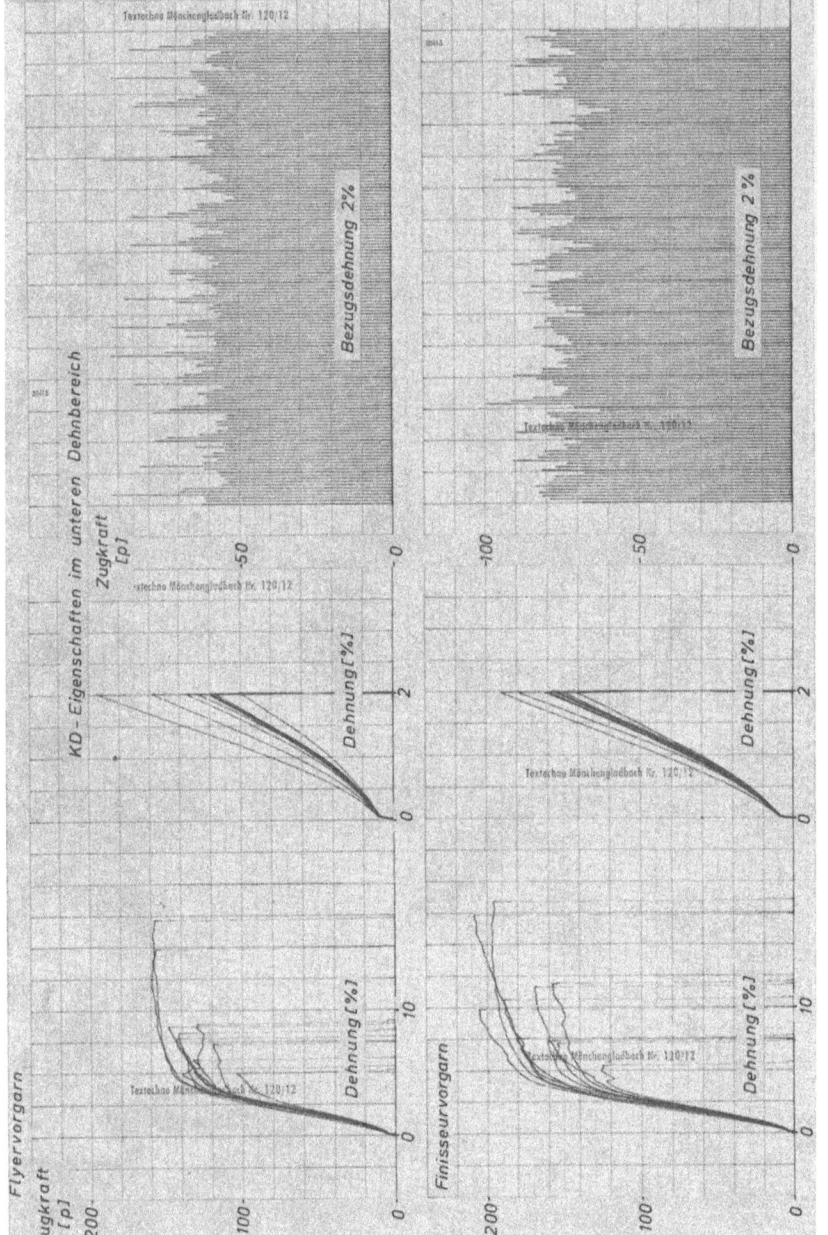

Abb. 14　Kraft-Dehnungs-Eigenschaften von Wollgespinsten Nm 33

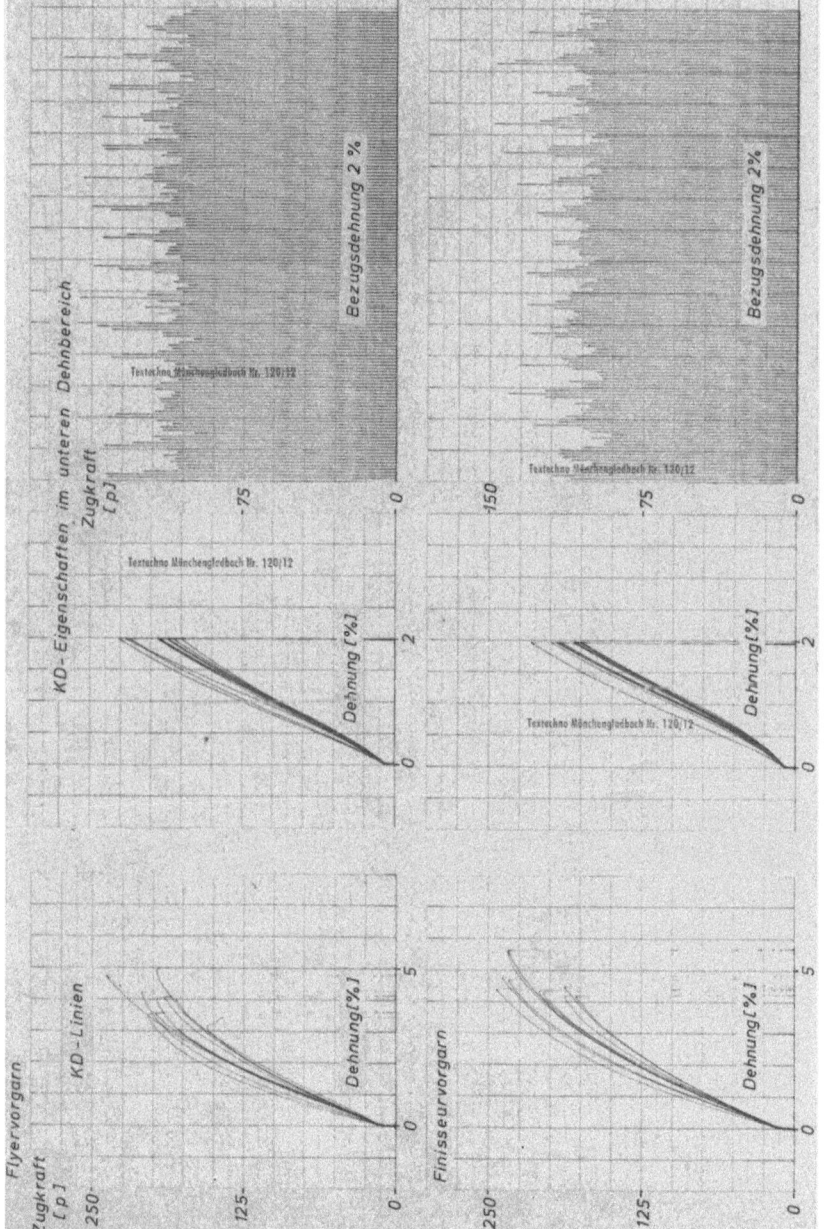

Abb. 15 Kraft-Dehnungs-Eigenschaften von 70 Wolle/30 Zellwolle-Mischgespinsten Nm 28

Forschungsberichte des Landes Nordrhein-Westfalen

Herausgegeben im Auftrage des Ministerpräsidenten Heinz Kühn
vom Minister für Wissenschaft und Forschung Johannes Rau

Sachgruppenverzeichnis

Acetylen · Schweißtechnik
Acetylene · Welding gracitice
Acétylène · Technique du soudage
Acetileno · Técnica de la soldadura
Ацетилен и техника сварки

Arbeitswissenschaft
Labor science
Science du travail
Trabajo científico
Вопросы трудового процесса

Bau · Steine · Erden
Constructure · Construction material ·
Soilresearch
Construction · Matériaux de construction ·
Recherche souterraine
La construcción · Materiales de construcción ·
Reconocimiento del suelo
Строительство и строительные материалы

Bergbau
Mining
Exploitation des mines
Minería
Горное дело

Biologie
Biology
Biologie
Biologia
Биология

Chemie
Chemistry
Chimie
Quimica
Химия

Druck · Farbe · Papier · Photographie
Printing · Color · Paper · Photography
Imprimerie · Couleur · Papier · Photographie
Artes gráficas · Color · Papel · Fotografía
Типография · Краски · Бумага · Фотография

Eisenverarbeitende Industrie
Metal working industry
Industrie du fer
Industria del hierro
Металлообрабатывающая промышленность

Elektrotechnik · Optik
Electrotechnology · Optics
Electrotechnique · Optique
Electrotécnica · Optica
Электротехника и оптика

Energiewirtschaft
Power economy
Energie
Energía
Энергетическое хозяйство

Fahrzeugbau · Gasmotoren
Vehicle construction · Engines
Construction de véhicules · Moteurs
Construcción de vehículos · Motores
Производство транспортных средств

Fertigung
Fabrication
Fabrication
Fabricación
Производство

Funktechnik · Astronomie
Radio engineering · Astronomy
Radiotechnique · Astronomie
Radiotécnica · Astronomía
Радиотехника и астрономия

Gaswirtschaft

Gas economy
Gaz
Gas
Газовое хозяйство

Holzbearbeitung

Wood working
Travail du bois
Trabajo de la madera
Деревообработка

Hüttenwesen · Werkstoffkunde

Metallurgy · Materials research
Métallurgie · Matériaux
Metalurgia · Materiales
Металлургия и материаловедение

Kunststoffe

Plastics
Plastiques
Plásticos
Пластмассы

Luftfahrt · Flugwissenschaft

Aeronautics · Aviation
Aéronautique · Aviation
Aeronáutica · Aviación
Авиация

Luftreinhaltung

Air-cleaning
Purification de l'air
Purificación del aire
Очищение воздуха

Maschinenbau

Machinery
Construction mécanique
Construcción de máquinas
Машиностроительство

Mathematik

Mathematics
Mathématiques
Matemáticas
Математика

Medizin · Pharmakologie

Medicine · Pharmacology
Médecine · Pharmacologie
Medicina · Farmacología
Медицина и фармакология

NE-Metalle

Non-ferrous metal
Metal non ferreux
Metal no ferroso
Цветные металлы

Physik

Physics
Physique
Física
Физика

Rationalisierung

Rationalizing
Rationalisation
Racionalización
Рационализация

Schall · Ultraschall

Sound · Ultrasonics
Son · Ultra-son
Sonido · Ultrasónico
Звук и ультразвук

Schiffahrt

Navigation
Navigation
Navegación
Судоходство

Textilforschung

Textile research
Textiles
Textil
Вопросы текстильной промышленности

Turbinen

Turbines
Turbines
Turbinas
Турбины

Verkehr

Traffic
Trafic
Tráfico
Транспорт

Wirtschaftswissenschaften

Political economy
Economie politique
Ciencias económicas
Экономические науки

Einzelverzeichnis der Sachgruppen bitte anfordern

Springer Fachmedien Wiesbaden GmbH

If you have any concerns about our products,
you can contact us on
ProductSafety@springernature.com

In case Publisher is established outside the EU,
the EU authorized representative is:
**Springer Nature Customer Service Center GmbH
Europaplatz 3, 69115 Heidelberg, Germany**

Printed by Libri Plureos GmbH
in Hamburg, Germany